WITHDRAWN

STEAM AND GAS TABLES
WITH COMPUTER EQUATIONS

STEAM AND GAS TABLES WITH COMPUTER EQUATIONS

Thomas F. Irvine, Jr.
Mechanical Engineering Department
State University of New York
Stony Brook, New York

Peter E. Liley
School of Mechanical Engineering
Purdue University
West Lafayette, Indiana

 1984

ACADEMIC PRESS, INC.
(Harcourt Brace Jovanovich, Publishers)

Orlando San Diego San Francisco New York London
Toronto Montreal Sydney Tokyo São Paulo

COPYRIGHT © 1984, BY ACADEMIC PRESS, INC.
ALL RIGHTS RESERVED.
NO PART OF THIS PUBLICATION MAY BE REPRODUCED OR
TRANSMITTED IN ANY FORM OR BY ANY MEANS, ELECTRONIC
OR MECHANICAL, INCLUDING PHOTOCOPY, RECORDING, OR ANY
INFORMATION STORAGE AND RETRIEVAL SYSTEM, WITHOUT
PERMISSION IN WRITING FROM THE PUBLISHER.

ACADEMIC PRESS, INC.
Orlando, Florida 32887

United Kingdom Edition published by
ACADEMIC PRESS, INC. (LONDON) LTD.
24/28 Oval Road, London NW1 7DX

Library of Congress Cataloging in Publication Data

Irvine, Thomas F.
  Steam and gas tables with computer equations.

  Bibliography: p.
  1. Steam--Tables--Computer programs. 2. Air--
Tables--Computer programs. I. Liley, P. E.
II. Title.
TJ270.I77   1984   621.1'0212   83-15480
ISBN 0-12-374080-0 (alk. paper)

PRINTED IN THE UNITED STATES OF AMERICA

84 85 86 87   9 8 7 6 5 4 3 2 1

To Olga and Elaine
and
all the other Irvines and Lileys

CONTENTS

Preface xi
Nomenclature xiii

Introduction 1

Chapter 1 **Thermodynamic Properties of Steam** 3

Saturation Properties 3
Superheat Properties 5
Accuracy Considerations 6

Chapter 2 **Thermodynamic Properties of Air and Other Gases** 11

Accuracy Considerations—Air 15
Accuracy Considerations—Gases Other Than Air 17

Appendix I **Thermodynamic Property Equations for Steam (Saturated)** 21

Saturation Temperature T(S) 21
Saturation Pressure P(S) 21
Constants for Saturation Properties: Specific Volume, Enthalpy, and Entropy 22

Appendix II **Thermodynamic Property Tables for Steam (Saturated)** 25

viii   CONTENTS

Appendix III **Thermodynamic Property Equations for Steam (Superheated)**   51

Specific Volume V(PT)   51
Enthalpy H(PT)   51
Entropy S(PT)   52

Appendix IV **Thermodynamic Property Tables for Steam (Superheated)**   53

Appendix V **Thermodynamic Property Equations for Air**   97

Specific Heat at Constant Pressure CP(T)   97
Specific Heat at Constant Volume CV(T)   97
Enthalpy H(T)   97
Internal Energy U(T)   97
Entropy Function E(T)   98
Isentropic Pressure Function IPR(T)   98
Isentropic Volume Function IVR(T)   98
Temperature as Function of IPR(T), T(PR)   98
Specific Heat Ratio G(T)   98
Speed of Sound A(T)   98

Appendix VI **Thermodynamic Property Tables for Air**   99

Appendix VII **Thermodynamic and Transport Property Equations and Tables for Ideal Gases**   113

Air   113
Argon   116
n-Butane   121
Carbon Dioxide   126
Carbon Monoxide   131
Ethane   136
Helium   141

Hydrogen	146
Methane	151
Nitrogen	156
Oxygen	161
Propane	166
Sulfur Dioxide	171

Appendix VIII **Tables of Unit Conversion Factors** 175

References 185

PREFACE

The authors have published two cassette microcomputer programs on the thermodynamic properties of air and steam [1, 2]. We did this because of our belief that, in many instances, computer retrieval of such information is more convenient than reference to printed tabulated data.

We have received a number of letters from the users of the microcomputer programs requesting that the property equations in the programs be made available to them, even though, with some difficulty, they may be deduced from the program listings which are not machine protected.

The requests for these equations come from the desire of design engineers and engineering educators to use the individual property equations as subprograms in their own research and design investigations. An additional reason for presenting the property equations themselves is that in cassette form they are presently compatible only with certain specific microcomputers. In equation form, of course, they may be used with any microcomputer, minicomputer, or main frame computer using whatever computer language is appropriate.

In response to these requests, we have simplified and improved the original equations to make them more suitable for general programming. We have also included additional equations for a number of other gaseous substances which are useful in engineering investigations. All of these equations are presented here along with information regarding their source and accuracy.

In addition to listing the property equations, we have used them to print the data in tabular form. Thus, when tables are more appropriate for a particular problem or investigation, they are available in the same volume. The property data from the tables may also be used as check points when the equations are used in computer programs.

We would like to acknowledge the work of those investigators who have published the standard references on thermodynamic properties and upon whose data the coefficients in the present equations are based. Without their fundamental contributions, this work would not have been possible. A list, which is not complete, would include J.H. Keenan et al. [3], W.C. Reynolds [4], N.B. Vargaftik [5], J. Hilsenrath et al. [6], and J.H. Keenan and J. Kaye [7]. We also wish to express our appreciation to J.R. Andrews and O. Biblarz [8] who have given their permission to include a number of dilute gas property equations from their investigations.

Finally, we are most grateful to Mr. Jin-An Cheng who assisted in the analytic curve fitting and in the formatting and printing of the thermophysical property tables.

NOMENCLATURE

For all of the equations listed in the appendixes, the input and calculated units are those of the SI system. The accepted symbols for the SI system have *not* been followed in order to make the nomenclature agree with upper case computer symbolism. For example, enthalpy units in SI symbols should be written as kJ/kg but in this work it is KJ/KG.* It is also a simple matter, when programming the equations, to select any input and output units which are convenient for the user. Powers of ten are indicated by E followed by the power, e.g. E2 = $\times 10^2$. For convenience, a set of unit conversion tables is given in Appendix VIII.

A(T)	Speed of sound (M/S)
CP(T)	Constant pressure specific heat [KJ/(KG K)]
CV(T)	Constant volume specific heat [KJ/(KG K)]
E(T)	Entropy function [KJ/(KG K)]
G(T)	Ratio of specific heats (dimensionless)
H(F)	Saturated liquid enthalpy (KJ/KG)
H(FCR)	Saturated liquid enthalpy at critical point (KJ/KG)
H(FG)	Latent heat of vaporization (KJ/KG)
H(FGTP)	Latent heat of vaporization at triple point (KJ/KG)
H(G)	Saturated vapor enthalpy (KJ/KG)
H(GCR)	Saturated enthalpy at critical point (KJ/KG)
H(PT)	Superheat enthalpy (KJ/KG)
H(T)	Enthalpy (KJ/KG)
IPR(T)	Isentropic pressure function (dimensionless)
IVR(T)	Isentropic volume function (dimensionless)

* The following unit symbols are used in the nomenclature: K, kelvin; KG, kilogram; KJ, kilojoule; M, meter; MPA, megapascal; N, newton; S, second; and W, watt.

NOMENCLATURE

K(T)	Thermal conductivity [W/(M K)]
LOG	Natural logarithm
P	Pressure (MPA)
PR(T)	Isentropic pressure ratio (dimensionless)
P(S)	Saturation pressure (MPA)
R	Gas constant [KJ/(KG K)]
S(F)	Saturated liquid entropy [KJ/(KG K)]
S(FCR)	Saturated liquid entropy at critical point [KJ/(KG K)]
S(G)	Saturated vapor entropy [KJ/(KG K)]
S(FG)	S(G) − S(F) [KJ/(KG K)]
S(GCR)	Saturated vapor entropy at critical point [KJ/(KG K)]
S(PT)	Superheat entropy [KJ/(KG K)]
T(S)	Saturation temperature (K)
T	Temperature (K)
T(C)	[T(CR) − T(S)]/T(CR) (dimensionless)
T(CR)	Critical temperature (K)
T(IPR)	Temperature as function of IPR(T) (K)
U(T)	Internal energy (KJ/KG)
V	Specific volume (M^3/KG)
V(F)	Saturated liquid specific volume (M^3/KG)
V(G)	Saturated vapor specific volume (M^3/KG)
V(PT)	Superheat specific volume (M^3/KG)
VS(T)	Dynamic viscosity [(N S)/M^2]

INTRODUCTION

As mentioned in the Preface, the original equations used in the microcomputer programs for the thermodynamic properties of air and steam, Refs. [1, 2], have been simplified by reducing the number of different analytic expressions to a minimum. This should serve to reduce programming problems when several properties are to be used as subprograms at the same time.

It may be appropriate to say a few words about the techniques for representing data sets by particular analytic expressions. Often a simple polynomial whose coefficients are determined by the method of least squares is adequate. In the case of the thermodynamic properties of air and other gases at low pressures, this method is applicable with certain exceptions.

In the case of steam and other multiphase systems, however, different approaches are required. Here it is best to have a physical model to determine the general form of the analytic expression and then apply least squares techniques to this equation. A good example of this is the use of a modified form of the Clausius–Clapeyron equation to represent the relation between the saturation pressures and temperatures. Other areas where the model approach is useful are in the vicinity of the saturation line and near the critical point.

Another approach that is helpful, and often complementary to the above, is to devise an analytic expression that converges to known asymptotic values. For example, in the case of the superheated steam properties, the equations should converge to appropriate ideal gas expressions at high temperatures and low pressures and to the saturation properties at saturation temperatures and pressures.

All the above methods have been used in the present study as will be evident to many readers when they examine the final equations. Additional comments on this point will be presented in the discussions at the individual properties.

2 INTRODUCTION

The thermodynamic properties of steam and ideal gases are treated separately in this presentation because the development of the equations for the two classes of substances involve different problems and considerations. Each section, however, contains a discussion of the equations, the reliability of the base data, and the accuracy of the properties calculated from the base data.

CHAPTER 1

THERMODYNAMIC PROPERTIES OF STEAM

It is useful to divide the steam properties into two classes, i.e., saturation and superheat properties. The saturation properties will be considered first.

Saturation Properties

The chief difficulty in representing saturation properties of steam from the triple point to the critical point is illustrated in Fig. 1.1. This figure shows the variation of the latent heat of vaporization H(FG) as a function of temperature. It is seen that while the variation of H(FG) from 200 to 300°C is moderate, from 300°C to the critical temperature, the variation becomes larger. This, coupled with the present uncertainty in the actual value of the critical properties, results in an uncertainty not only in this property, but also in other properties in the critical region.

In general, this difficulty was handled in the present work by using the model of Torquato and Stell [9] in the critical region and arranging the equations so that this model was suppressed as the temperature departed more and more from the critical point.

In some cases, it was impossible to fit the property to the desired accuracy with a single expression from the triple point to the critical point. In these cases, the entire region was divided into two or three ranges with separate equations, as follows:

Range I: $273.16 \leq T(S) < 300$ K.
Range II: $300 \leq T(S) < 600$ K.
Range III: $600 \leq T(S) \leq 647.3$ K.
Range IV: $273.16 \leq T(S) < 600$ K.

1. THERMODYNAMIC PROPERTIES OF STEAM

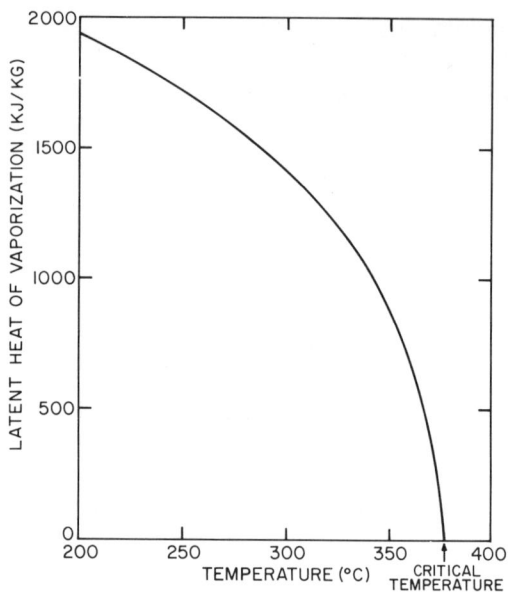

FIG. 1.1 Variation of H(FG) with temperature.

Range V: $600 \leq T(S) \leq 647.3$ K.
Range VI: $273.16 \leq T(S) \leq 647.3$ K.

Using the above considerations, it was possible to represent the various thermodynamic properties with three basic types of equations from the triple point to the critical point. These properties are (see Nomenclature):

1. Saturation temperature: T(S)
2. Saturation pressure: P(S)
3. Liquid saturation specific volume: V(F)
4. Vapor saturation specific volume: V(G)
5. Liquid saturation enthalpy: H(F)
6. Vapor saturation enthalpy: H(G)
7. Latent heat of vaporization: H(FG)
8. Liquid saturation entropy: S(F)
9. Vapor saturation entropy: S(G)

The basic equations which cover the nine properties are of the form

$$T(S) = A + \frac{B}{[\text{LOG } P(S)] + C} \tag{1}$$

$$\text{LOG } P(S) = \sum_{N=0}^{9} A(N)T(S)^N + \frac{A(10)}{T(S) - A(11)} \tag{2}$$

$$Y(S) = A + BT(C)^{1/3} + CT(C)^{5/6} + DT(C)^{7/8}$$
$$+ \sum_{N=1}^{5} E(N)T(C)^N \tag{3}$$

where $Y(S)$ can take on the values of saturated liquid and vapor specific volumes, enthalpies, and entropies as well as the latent heat of vaporization.

Equations (1) and (2) are seen to be modified forms of the Clausius–Clapeyron equation while the first four terms of Eq. (3) represent the variation of properties in the critical region according to the model of Torquato and Stell [9]. In Eq. (3), $T(C) = [T(CR) - T(S)]/T(CR)$ where $T(CR)$ is the critical temperature. Thus, terms containing fractional exponents dominate in the critical region and the power series dominates away from the critical region. Special note should be taken of the equation representing $V(G)$, as seen in Appendix I. The variation of this property is so large from the triple point to the critical point, that better accuracy was obtained by representing the product $P(S)V(G)$. Equation (2) is then used to determine the value of $V(G)$.

Rather than constructing a separate function for $S(FG)$, this quantity was calculated from the thermodynamic identity $S(FG) = H(FG)/T(S)$.

Superheat Properties

The equations in the superheat region are much more complex since they must represent the changing nature of the intermolecular forces all the way from the saturation line to the perfect gas region. In this region, both pressure and temperature must enter as independent variables. Essentially this was done by using a Taylor's series expansion from the saturation line using a function which is multiplied by

EXP{[T(S) − T]/M}. This factor will vanish far from the saturation region and the remaining terms will then account for perfect gas behavior. The superheat equations are given in outline form below where the influence of the various terms can be examined.

$$V(P, T) = \frac{RT}{P} - B(1)\,EXP[-B(2)T] + \frac{1}{P}\left\{B(3)\right.$$
$$\left. - EXP\left[\sum_{N=0}^{2} A(N)T(S)^N\right]\right\} EXP\left[\frac{T(S) - T}{M}\right] \quad (4)$$

$$H(P, T) = \sum_{N=0}^{2} A(N)T^N - A(3)\,EXP\left[\frac{T(S) - T}{M}\right] \quad (5)$$

$$S(P, T) = \sum_{N=0}^{4} A(N)T^N + B(1)\,LOG[P + B(2)]$$
$$- \left[\sum_{N=0}^{4} C(N)T(S)^N\right] EXP\left[\frac{T(S) - T}{M}\right] \quad (6)$$

The complete equations along with the numerical coefficients for the saturated and superheated properties of steam are given in Appendixes I and III. Appendixes II and IV contain tables for saturated and superheated steam printed from the equations in Appendixes I and III. These will allow numerical checks when the equations are programmed.

Accuracy Considerations

There are two factors concerning accuracy that need to be considered: First, the reliability and consistency of the base data which are being approximated by the working equations and second, the accuracy of the fit of the equations to these base data.

Some insight into the first of these considerations in the saturation region can be gained from Fig. 1.2. The figure compares the differences between two widely used sets of base data for H(FG), i.e., that of Keenan et al. [3] and Vargaftik [5]. As can be seen, the deviations between the two sets of data are less than 0.15% at temperatures less than 625 K. Above 625 K the deviations become larger primarily because of the uncertainties associated with the critical region.

ACCURACY CONSIDERATIONS 7

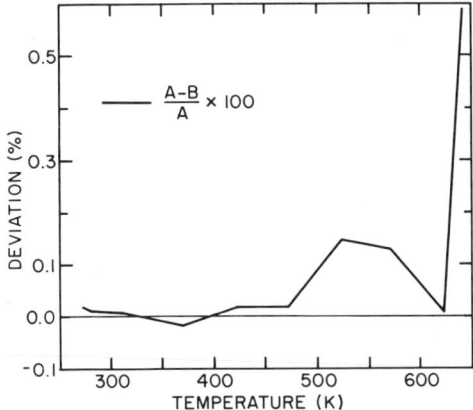

FIG. 1.2 Comparison of H(FG) from Ref. [3], A, and Ref. [5], B.

Clearly, with regard to the second accuracy consideration, it is desirable to keep the deviations of the properties calculated by the equations to the same order of uncertainty as the base data. Table 1.1 lists each property in the saturation region along with the maximum error in a specified temperature range. The maximum error is defined as the absolute value of the largest error in a given temperature range between calculated values and the base data (calculated at 10-K increments).

Table 1.1 shows that the maximum errors are less than 0.15% all the way from the triple point to the critical point. These deviations are even less than that between the two base data sets considered and therefore produce less uncertainty than that which exists in the base data if one takes the base data uncertainties in H(FG) as being representative.

Accuracy in the superheat region (of the second kind) is more difficult to define quantitatively because of the greater number of possible pressure and temperature combinations to consider. In this region, the specific volume is the most difficult to represent, because of its wide variation in absolute values from saturation to high temperature and variable pressure conditions. Taking the specific volume as a "worst case" from the standpoint of accuracy, the shaded area in Fig. 1.3 illustrates the deviation between the calculated and base data values.

TABLE 1.1 Accuracy Information (Steam): Maximum Deviations between Calculated and Base Data for Saturation Properties[a]

Property	Deviations in percent					
	Range I: 273.16– 300 K	Range II: 300– 600 K	Range III: 600– 647.3 K	Range IV: 273.16– 600 K	Range V: 600– 647.3 K	Range VI: 273.16– 647.3 K
T(S)	—	—	—	0.08	0.08	—
P(S)	—	—	—	—	—	0.1
V(F)/V(FCR)	—	—	—	—	—	0.1
P(SV(G)/P(CR)V(GCR)	—	—	—	—	—	0.1
H(F)/H(FCR)	0.05	0.05	0.05	—	—	—
H(G)/H(GCR)	—	—	—	—	—	0.05
H(FG)/H(FGTP)	—	—	—	—	—	0.15
S(F)/S(FCR)	0.05	0.05	0.02	—	—	—
S(G)/S(GCR)	—	—	—	—	—	0.05
S(FG)	Calculated as S(FG) = H(FG)/T(S)					

[a] All base data from Ref. [4].

ACCURACY CONSIDERATIONS 9

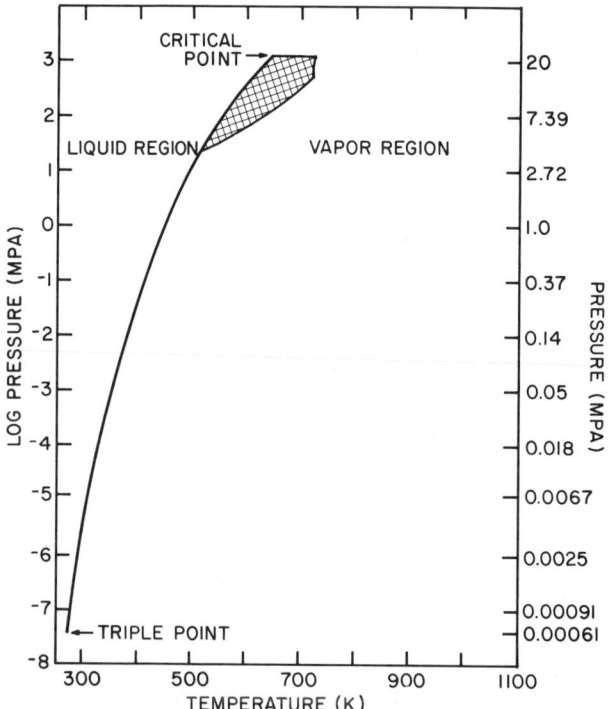

FIG. 1.3 Comparison of calculated specific volumes of superheated steam with base data, Ref. [4]. In shaded area, difference exceeds one percent.

Figure 1.3 shows the saturation line in the pressure–temperature plane. That part of the vapor region in Fig. 1.3 which is cross-hatched is the region near the saturation line and critical point where the deviation between the calculated specific volume and the base data in Ref. [4] is greater than 1.0%. It is also safe to apply the same criteria to values of the enthalpy and entropy. Thus, the superheat equations in Appendix III may be used assuming a maximum error of 1.0% except in the cross-hatched region shown in Fig. 1.3.

CHAPTER 2

THERMODYNAMIC PROPERTIES OF AIR AND OTHER GASES

A well-known model for calculating the thermodynamic properties of dilute gases is to assume the equation of state of an ideal gas, i.e.,

$$PV = RT \tag{7}$$

while accounting for the temperature variation of the specific heats, CP(T) and CV(T). This permits the calculation of a variety of thermodynamic properties which are useful over wide ranges of pressure and temperature.

For example, Fig. 2.1, which was prepared from information in Refs. [5, 6], shows the influence on air enthalpy of both the high pressure–high temperature "real gas" effects as well as the low pressure–high temperature dissociation effects. The unshaded area in the figure shows the pressure and temperature ranges in which the ideal gas model has an enthalpy deviation of less than one percent. This unshaded region includes a large number of engineering applications and thus indicates the utility of the ideal gas model.

The gas properties which are useful in engineering design and analysis are the following:

1. Specific heat at constant pressure: CP(T)
2. Specific heat at constant volume: CV(T) = CP(T) − R
3. Enthalpy: $H(T) = \int_{T_0}^{T} CP(T) \, dT$
4. Internal energy: U(T) = H(T) − RT
5. Entropy function: $E(T) = \int_{T_0}^{T} CP(T) \, dT/T$
6. Isentropic pressure ratio: PR(T) = EXP[E(T)/R]
7. Isentropic pressure function: IPR(T) = E(T)/R
8. Isentropic volume function: IVR(T) = LOG(RT) − IPR(T)

2. THERMODYNAMIC PROPERTIES OF AIR AND OTHER GASES

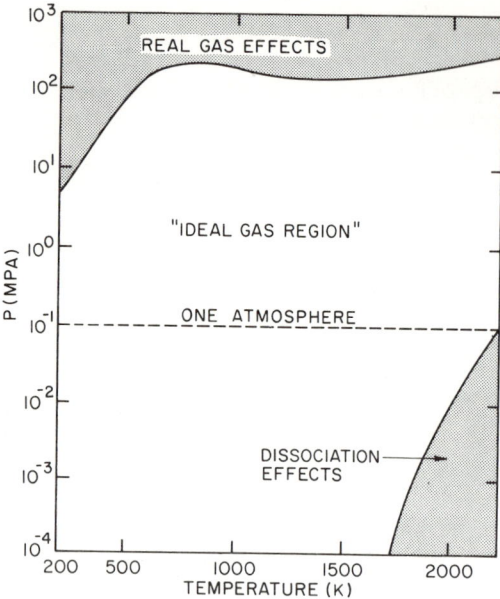

FIG. 2.1 Ideal gas region for air enthalpy.

9. Temperature as a function of IPR(T): T(IPR)
10. Specific heat ratio: $G(T) = CP(T)/CV(T) = 1/[1 - R/CP(T)]$

All of the properties listed above, with the exception of the isentropic pressure and volume functions, are the same as those presented in standard thermodynamic textbooks. These two functions have been redefined in the case of air to obtain more accurate thermodynamic property equations and are discussed below.

In most tables of the thermodynamic properties of air, the pressure ratio across an isentropic process is given by

$$\left(\frac{P1}{P2}\right)_{ISEN} = \frac{PR(T1)}{PR(T2)} \qquad (8)$$

where PR(T) is calculated from the relation

$$PR(T) = EXP\left[\frac{E(T)}{R}\right] \qquad (9)$$

Because of the exponential nature of Eq. (9), the range of the entropy function E(T) causes a large variation in PR(T) (over four orders of magnitude) in the temperature range considered here for air. This makes it difficult to fit PR(T) to a reasonably simple equation and still retain the desired accuracy.

This problem was circumvented by defining a new isentropic pressure ratio function

$$IPR(T) = LOG(PR) = \frac{E(T)}{R} \qquad (10)$$

Equation (8) is then of the form

$$LOG\left(\frac{P1}{P2}\right)_{ISEN} = IPR(T1) - IPR(T2) \qquad (11)$$

Values of IPR(T) were calculated from Eq. (10) with an accuracy of the order of E(T).

The isentropic volume ratio VR(T) presents the same difficulty in curve fitting as discussed above for PR(T). Accordingly, a new function IVR(T) has been defined:

$$IVR(T) = LOG\ VR(T) = LOG(RT) - IPR(T) \qquad (12)$$

where IVR(T) has the property that for an isentropic process

$$LOG\left[\frac{V(T1)}{V(T2)}\right]_{ISEN} = IVR(T1) - IVR(T2) \qquad (13)$$

In solving many engineering problems involving an isentropic process, the original temperature and the pressure ratio between states are known and it is desired to calculate the final temperature T2. Thus, T2 can be found as a function of IPR(T2) which is calculated from Eq. (11). Although a computer program can be written to solve such problems using a trial and error procedure, for convenience an additional relation is given as temperature as a function of IPR(T) and it is represented by T(IPR). This allows a direct solution of the type of problems described above.

Appendix V lists the equations and coefficients needed to calculate the thermodynamic properties of air using the modified forms of the

2. THERMODYNAMIC PROPERTIES OF AIR AND OTHER GASES

isentropic pressure and volume ratios. Appendix VI is a tabulation of these properties, with the exception of T(IPR), printed directly from the air equations. Appendix VII contains the computer equations and coefficients used to calculate the thermodynamic properties of 12 ideal gases (argon, n-butane, carbon dioxide, carbon monoxide, ethane, helium, hydrogen, methane, nitrogen, oxygen, propane, and sulfur dioxide). These properties are: CP(T), H(T), E(T), IPR(T), G(T), and A(T). It also includes the equations used to calculate the dynamic viscosity and the thermal conductivity of the 12 gases plus air.

In some cases, e.g., n-butane, several equations are used to increase the accuracy of the constant pressure specific heat equations over the total temperature range considered. This does not present any particular difficulty in programming the equations.

However, since the enthalpy H(T) and the entropy function E(T) are obtained from the specific heat by integration, there is a zero shift required if more than one temperature range is used for the specific heat. These zero shifts are given in Table 2-1.

To use Table 2.1, program the equations as indicated below for the appropriate temperature range.

$$H(T) = \sum_{N=0}^{N} \frac{1}{N+1} A(N) T^{N+1} - ZS$$

$$E(T) = A(0) \text{LOG } T + \sum_{N=1}^{N} \frac{1}{N} A(N) T^{N} - ZS$$

TABLE 2.1

Gas	Zero shift required (ZS)			
	H(T)		E(T)	
	Range II	Range III	Range II	Range III
n-Butane	755.37	—	19.634	—
Ethane	580.86	—	15.022	—
Hydrogen	848.05	909.53	37.539	39.482
Methane	1483.7	—	39.768	—
Nitrogen	44.222	—	1.4163	—
Oxygen	−55.023	—	−1.5459	—
Propane	620.83	—	16.024	—

Accuracy Considerations — Air

In the same way as was discussed under accuracy considerations for steam properties, two factors must be considered: the accuracy of the base data and the accuracy of the fit of the equations to these base data.

Figure 2.2 shows the percent difference between the data of Keenan and Kaye [7] and Vargaftik [5] and the National Bureau of Standards (NBS) data of Hilsenrath et al. [6] for the enthalpy H(T). The figure illustrates that below 1300 K, all three sets of data agree to within approximately 0.1%. Above 1300 K, the data of Keenan and Kaye, which do not account for dissociation effects, diverge from the NBS values to a maximum of 1.24% at 2000 K. However, the Vargaftik data, which also accounts for dissociation effects above 1300 K, agree with NBS data within 0.05%. Thus, the base data appear to be consistent from three independent sources.

In addition to the computer equations and their associated numerical coefficients, Appendix VII also contains tables of the thermodynamic and transport properties printed directly from the appropriate equations. Thus the tabular form of the properties is conveniently available and the tables themselves can be used for numerical checks when programming the equations.

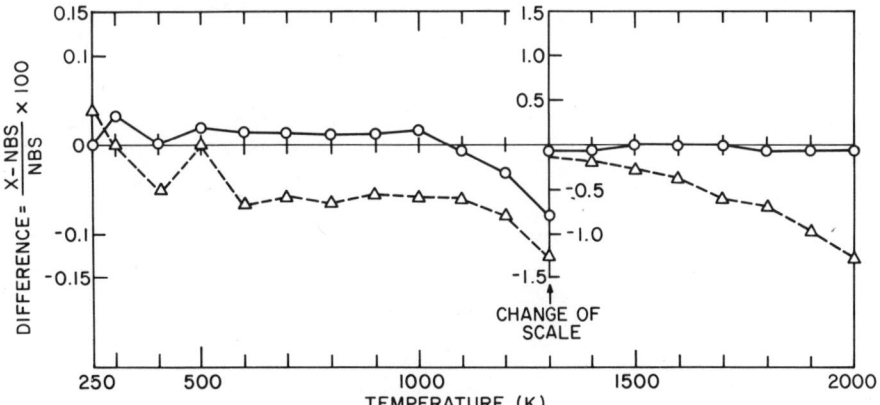

FIG. 2.2 Comparison of air enthalpy base data. ○, Ref. [5]; △, Ref. [7]; NBS, Ref. [6].

16   2. THERMODYNAMIC PROPERTIES OF AIR AND OTHER GASES

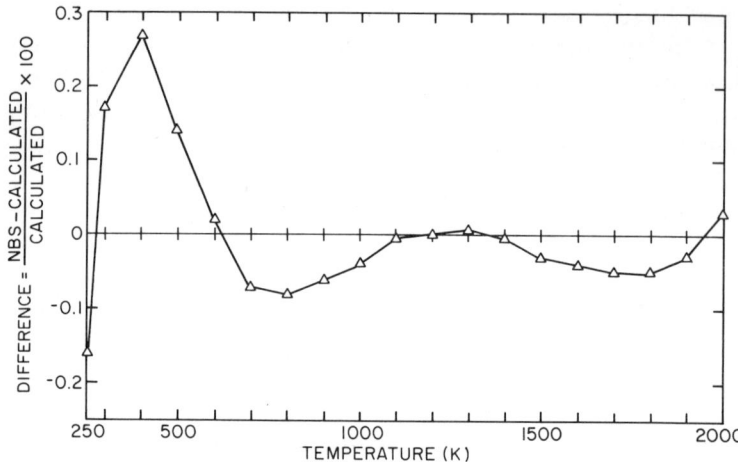

FIG. 2.3 Comparison between base and calculated data or for air enthalpy.

TABLE 2.2

Accuracy Information (Air): Differences between Calculated and Base Data

Property	Base data	Maximum absolute difference (%)	Average absolute difference[a] (%), $250 \leq T \leq 2000$ K
U(T)	Ref. [6]	0.40	0.10
H(T)	U(T) + RT	0.27	0.07
C(P)	Ref. [6]	0.25	0.13
C(V)	Ref. [6]	0.31	0.17
E(T)	Ref. [6]	0.06	0.02
IPR(T) IVR(T)	[Calculated from E(T)	Same as E(T)	Same as E(T)
T(PR)	Calculated from I(PR)	0.08	0.03
G(T)	Ref. [6]	0.28	0.09
A(T)	Ref. [6]	0.12	0.05

[a] Average of absoulte differences calculated in 50-K increments.

ACCURACY CONSIDERATIONS—GASES OTHER THAN AIR

All of the equations for the air properties in Appendix V used the data of Hilsenrath *et al.* [6]. Figure 2.3 shows a comparison between the enthalpies calculated from the present program and the NBS data of Ref. [6]. It can be seen that the percent difference has a maximum value of 0.27% at 400 K but that in general the difference is less than 0.1%.

Table 2.2 lists the maximum and average *absolute* differences (without regard to sign) between the calculated and base data for all of the air properties. It can be seen that in most cases the percent differences are essentially the same as for the enthalpy. It would appear reasonable to state that, in general, the accuracy of the calculated properties is better than 0.5%, and in most cases, better than 0.1%.

Accuracy Considerations — Gases Other Than Air

As mentioned previously, the thermodynamic and transport properties for a number of dilute gases are given in Appendix VII both in equation and tabular form. The equations, which were abstracted from Ref. [8], are for the gases listed in Table 2.3. Also given in Table 2.3 are the temperature ranges covered and the deviations between the

TABLE 2.3

Accuracy Information (Dilute Gases)

Gas	Property	Temperature Range (K)	Maximum difference calculated (%)	Accuracy base data (%)
Air	VS(T)	200–600	1.25	1(<1500 K)
		600–1000	0.17	2(>1500 K)
	K(T)	200–1000	0.28	{ 1(<500 K)
				5(at 1000 K)
Argon	CP(T)	200–1600	a	2
	VS(T)	200–540	0.57	1
		540–1000	0.15	2
	K(T)	200–1000	1.5	3
n-butane	CP(T)	280–755	0.06	2
		755–1080	0.05	3
	VS(T)	270–520	0.30	1

Continued

TABLE 2.3 *(Continued)*

Gas	Property	Temperature Range (K)	Maximum difference calculated (%)	Accuracy base data (%)
Carbon dioxide	K(T)	280–500	0.71	2
	CP(T)	200–1000	0.14	2
	VS(T)	200–1000	1.15	4
	K(T)	200–600	1.05	5
		600–1000	0.30	10
Carbon monoxide	CP(T)	250–1050	0.10	1
	VS(T)	250–1050	0.56	3
	KT(T)	250–1050	1.15	3
Ethane	CP(T)	280–755	0.06	1
		755–1080	0.03	2
	VS(T)	200–1000	0.49	2
	KT(T)	200–1000	3.0	8
Helium	CP(T)	250–1050	a	1
	VS(T)	250–500	1.08	2
		500–1050	0.32	5
	KT(T)	250–300	0.67	1
		300–500	0.13	2
		500–1050	0.62	5
Hydrogen	CP(T)	250–425	0.06	1
		425–490	a	1
		490–1050	0.03	2
	VS(T)	250–500	5.88	2
		500–1050	0.39	4
	K(T)	250–500	0.88	3
		500–1050	0.27	8
Methane	CP(T)	280–755	0.05	2
		755–1080	0.07	5
	VS(T)	200–1000	3.07	5
	K(T)	200–1000	6.0	8
Nitrogen	CP(T)	280–590	0.10	2
		590–1080	0.14	4
	VS(T)	250–1050	1.94	5
	K(T)	250–1050	2.22	5
Oxygen	CP(T)	250–590	0.16	1
		590–1050	0.15	2
	VS(T)	250–1050	1.29	5
	K(T)	250–1000	2.22	5
		1000–1050	0.14	8
Propane	CP(T)	280–755	0.10	3
		755–1080	0.04	8
	VS(T)	270–600	0.13	2
	K(T)	270–500	1.30	6
Sulfur dioxide	CP(T)	300–1100	0.24	5
	VS(T)	300–1100	0.93	7
	K(T)	300–900	3.75	7

a CP(T) = Constant.

ACCURACY CONSIDERATIONS—GASES OTHER THAN AIR

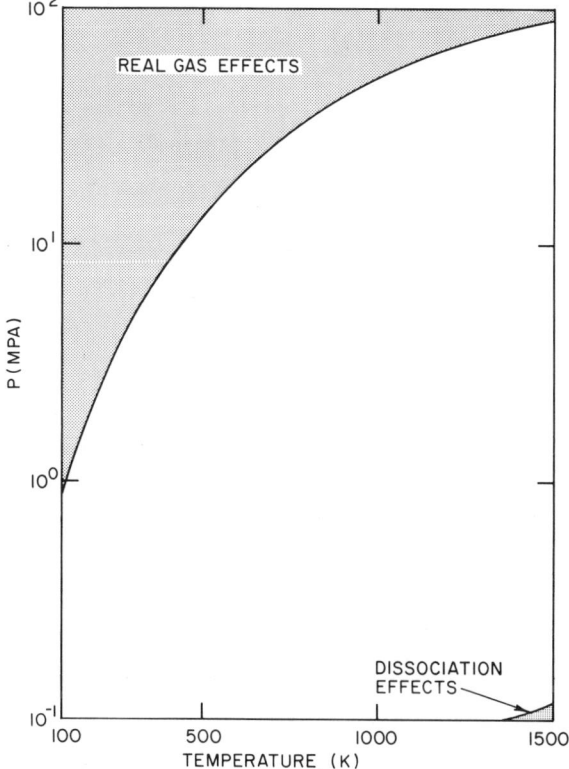

FIG. 2.4 Effect of nonideality on transport properties for air.

calculated and base data for CP(T), VS(T), and K(T). Estimates of the base data accuracy which were abstracted from Refs. [10–12] are also given in Table 2.3.

Figure 2.4 illustrates, for air, the ideal gas region where the transport properties can be described as functions of temperature only, without considering any pressure effects. In the unshaded region in the figure, the ideal gas representation is accurate to within 1%.

The thermodynamic and transport property equations in Appendix VII must be used with caution since they are not applicable near or in the saturation regions of the different gases. In order to help estimate the applicable regions, the critical temperature and pressure and the saturation temperature at one atmosphere are listed for each gas.

APPENDIX I

THERMODYNAMIC PROPERTY EQUATIONS FOR STEAM (SATURATED)

Saturation Temperature T(S)

$$T(S) = A + \frac{B}{[\text{LOG } P(S)] + C}$$

Range IV

$0.000611 \leq P(S) < 12.33$ MPA
$273.16 \leq T(S) < 600$ K

$A = 0.426776E2$
$B = -0.389270E4$
$C = -0.948654E1$

Range V

$12.33 \leq P(S) \leq 22.1$ MPA
$600 \leq T(S) \leq 647.3$ K

$A = -0.387592E3$
$B = -0.125875E5$
$C = -0.152578E2$

Saturation Pressure P(S)

$$\text{LOG } P(S) = \sum_{N=0}^{9} A(N)T(S)^N + \frac{A(10)}{T(S) - A(11)}$$

Range VI

$273.16 \leq T(S) \leq 647.3$ K

$A(0) = 0.104592E2$
$A(1) = -0.404897E-2$
$A(2) = -0.417520E-4$
$A(3) = 0.368510E-6$
$A(4) = -0.101520E-8$
$A(5) = 0.865310E-12$
$A(6) = 0.903668E-15$
$A(7) = -0.199690E-17$
$A(8) = 0.779287E-21$
$A(9) = 0.191482E-24$
$A(10) = -0.396806E4$
$A(11) = 0.395735E2$

Constants for Saturation Properties: Specific Volume, Enthalpy, and Entropy

$$Y(S) = A + BT(C)^{1/3} + CT(C)^{5/6} + DT(C)^{7/8} + \sum_{N=1}^{7} E(N)T(C)^N$$

$T(C) = [T(CR) - T(S)]/T(CR), \quad T(CR) = 647.3 \text{ K}$

$Y(S) = V(F)/V(FCR)$
Range VI
$273.16 \leq T(S) \leq 647.3 \quad K$

    $A = 1.0$
    $B = -1.9153882$
    $C = 1.2015186E1$
    $D = -7.8464025$
    $E(1) = -3.888614$
    $E(2) = 2.0582238$
    $E(3) = -2.0829991$
    $E(4) = 8.2180004E-1$
    $E(5) = 4.7549742E-1$
    $E(6) = 0.0$
    $E(7) = 0.0$
$V(FCR) = 3.155E-3$

$Y(S) = P(S)V(G)/P(CR)V(GCR)$
Range VI
$273.16 \leq T(S) \leq 647.3 \quad K$

    $A = 1.0$
    $B = 1.6351057$
    $C = 5.2584599E1$
    $D = -4.4694653E1$
    $E(1) = -8.9751114$
    $E(2) = -4.3845530E-1$
    $E(3) = -1.9179576E1$
    $E(4) = 3.6765319E1$
    $E(5) = -1.9462437E1$
    $E(6) = 0.0$
    $E(7) = 0.0$
$V(GCR) = 3.155E-3$
$P(CR) = 2.2089E1$

$Y(S) = H(F)/H(FCR)$
Range I
$273.16 \leq T(S) < 300 \quad K$

    $A = 0.0$
    $B = 0.0$
    $C = 0.0$
    $D = 0.0$
    $E(1) = 6.24698837E2$
    $E(2) = -2.34385369E3$
    $E(3) = -9.50812101E3$
    $E(4) = 7.16287928E4$
    $E(5) = -1.63535221E5$
    $E(6) = 1.66531093E5$
    $E(7) = -6.47854585E4$
$H(FCR) = 2.0993E3$

$Y(S) = H(F)/H(FCR)$
Range II
$300 \leq T(S) < 600 \quad K$

    $A = 8.839230108E-1$
    $B = 0.0$
    $C = 0.0$
    $D = 0.0$
    $E(1) = -2.67172935$
    $E(2) = 6.22640035$
    $E(3) = -1.31789573E1$
    $E(4) = -1.91322436$
    $E(5) = 6.87937653E1$
    $E(6) = -1.24819906E2$
    $E(7) = 7.21435404E1$
$H(FCR) = 2.0993E3$

THERMODYNAMIC EQUATIONS FOR STEAM (SATURATED)

$$Y(S) = A + BT(C)^{1/3} + CT(C)^{5/6} + DT(C)^{7/8} + \sum_{N=1}^{7} E(N)T(C)^N$$

$$T(C) = \frac{T(CR) - T(S)}{T(CR)}, \quad T(CR) = 647.3 \text{ K}$$

$Y(S) = H(F)/H(FCR)$

Range III

$600 \leq T(S) \leq 647.3$ K

   $A = 1.0$
   $B = -4.41057805E-1$
   $C = -5.52255517$
   $D = 6.43994847$
   $E(1) = -1.64578795$
   $E(2) = -1.30574143$
   $E(3) = 0.0$
   $E(4) = 0.0$
   $E(5) = 0.0$
   $E(6) = 0.0$
   $E(7) = 0.0$
$H(FCR) = 2.0993E3$

$Y(S) = H(G)/H(GCR)$

Range VI

$273.16 \leq T(S) \leq 647.3$ K

   $A = 1.0$
   $B = 4.57874342E-1$
   $C = 5.08441288$
   $D = -1.48513244$
   $E(1) = -4.81351884$
   $E(2) = 2.69411792$
   $E(3) = -7.39064542$
   $E(4) = 1.04961689E1$
   $E(5) = -5.46840036$
   $E(6) = 0.0$
   $E(7) = 0.0$
$H(GCR) = 2.0993E3$

$Y(S) = H(FG)/H(FGTP)$

Range VI

$273.16 \leq T(S) \leq 647.3$ K

   $A = 0.0$
   $B = 7.79221E-1$
   $C = 4.62668$
   $D = -1.07931$
   $E(1) = -3.87446$
   $E(2) = 2.94553$
   $E(3) = -8.06395$
   $E(4) = 1.15633E1$
   $E(5) = -6.02884$
   $E(6) = 0.0$
   $E(7) = 0.0$
$H(FGTP) = 2.5009E3$

$Y(S) = S(F)/S(FCR)$

Range I

$273.16 \leq T(S) < 300$ K

   $A = 0.0$
   $B = 0.0$
   $C = 0.0$
   $D = 0.0$
   $E(1) = -1.83692956E3$
   $E(2) = 1.47066352E4$
   $E(3) = -4.31466046E4$
   $E(4) = 4.86066733E4$
   $E(5) = 7.9975096E3$
   $E(6) = -5.83339887E4$
   $E(7) = 3.31400718E4$
$S(FCR) = 4.4289$

APPENDIX I

$$Y(S) = A + BT(C)^{1/3} + CT(C)^{5/6} + DT(C)^{7/8} + \sum_{N=1}^{7} E(N)T(C)^N$$

$$T(C) = \frac{T(CR) - T(S)}{T(CR)}, \quad T(CR) = 647.3 \text{ K}$$

$Y(S) = S(F)/S(FCR)$

Range II

$300 \leq T(S) < 600$ K

  $A = 9.12762917\text{E-}1$
  $B = 0.0$
  $C = 0.0$
  $D = 0.0$
  $E(1) = -1.75702956$
  $E(2) = 1.68754095$
  $E(3) = 5.82215341$
  $E(4) = -6.33354786\text{E}1$
  $E(5) = 1.88076546\text{E}2$
  $E(6) = -2.52344531\text{E}2$
  $E(7) = 1.28058531\text{E}2$
$S(FCR) = 4.4289$

$Y(S) = S(F)/S(FCR)$

Range III

$600 \leq T(S) \leq 647.3$ K

  $A = 1.0$
  $B = -3.24817650\text{E-}1$
  $C = -2.990556709$
  $D = 3.2341900$
  $E(1) = -6.78067859\text{E-}1$
  $E(2) = -1.91910364$
  $E(3) = 0.0$
  $E(4) = 0.0$
  $E(5) = 0.0$
  $E(6) = 0.0$
  $E(7) = 0.0$
$S(FCR) = 4.4289$

$Y(S) = S(G)/S(GCR)$

Range VI

$273.16 \leq T(S) \leq 647.3$ K

  $A = 1.0$
  $B = 3.77391\text{E-}1$
  $C = -2.78368$
  $D = 6.93135$
  $E(1) = -4.34839$
  $E(2) = 1.34672$
  $E(3) = 1.75261$
  $E(4) = -6.22295$
  $E(5) = 9.99004$
  $E(6) = 0.0$
  $E(7) = 0.0$
$S(GCR) = 4.4289$

APPENDIX II

THERMODYNAMIC PROPERTY TABLES FOR STEAM (SATURATED)

TABLE AII.1 Properties of Saturated Steam for Increments of Temperature

T (K)	P (MPA)	Volume (M³/KG)		Enthalpy (KJ/KG)			Entropy [KJ/(KG K)]		
		V(F)	V(G)	H(F)	H(FG)	H(G)	S(F)	S(FG)	S(G)
273.16	0.0006110	0.001000	206.21	0.0	2501.3	2500.6	0.0	9.1572	9.1538
274	0.0006495	0.001000	194.60	3.3585	2499.4	2502.2	0.01253	9.1220	9.1316
275	0.0007497	0.001000	169.80	11.632	2494.7	2506.0	0.04225	9.0389	9.0795
278	0.0008634	0.001000	148.51	19.863	2490.0	2509.7	0.07192	8.9571	9.0283
279	0.0009257	0.001000	139.00	23.980	2487.7	2511.6	0.08671	8.9166	9.0030
280	0.0009919	0.001000	130.18	28.104	2485.3	2513.5	0.10149	8.8764	8.9780
281	0.001062	0.001000	121.98	32.226	2483.0	2515.3	0.11624	8.8364	8.9531
282	0.001137	0.001000	114.37	36.356	2480.6	2517.2	0.13095	8.7968	8.9285
283	0.001216	0.001000	107.28	40.495	2478.3	2519.0	0.14563	8.7574	8.9041
284	0.001301	0.001001	100.69	44.644	2475.9	2520.9	0.16028	8.7182	8.8798
285	0.001390	0.001001	94.555	48.803	2473.6	2522.7	0.17489	8.6794	8.8558
286	0.001484	0.001001	88.837	52.966	2471.2	2524.6	0.18947	8.6408	8.8320
287	0.001585	0.001001	83.509	57.141	2468.9	2526.4	0.20403	8.6025	8.8084
288	0.001691	0.001001	78.539	61.322	2466.5	2528.3	0.21855	8.5644	8.7850
289	0.001803	0.001001	73.902	65.507	2464.1	2530.1	0.23304	8.5266	8.7618
290	0.001922	0.001001	69.573	69.699	2461.8	2531.9	0.24749	8.4890	8.7388
291	0.002047	0.001002	65.530	73.894	2459.4	2533.8	0.26192	8.4517	8.7159
292	0.002180	0.001002	61.752	78.093	2457.0	2535.6	0.27632	8.4146	8.6933
293	0.002320	0.001002	58.219	82.296	2454.7	2537.5	0.29067	8.3778	8.6709
294	0.002468	0.001002	54.914	86.497	2452.3	2539.3	0.30500	8.3413	8.6486
295	0.002624	0.001002	51.821	90.700	2449.9	2541.1	0.31929	8.3049	8.6266
296	0.002788	0.001003	48.925	94.901	2447.5	2542.9	0.33353	8.2688	8.6047
297	0.002962	0.001003	46.212	99.103	2445.2	2544.8	0.34773	8.2330	8.5830
298	0.003145	0.001003	43.669	103.29	2442.8	2546.6	0.36188	8.1974	8.5615
299	0.003337	0.001003	41.284	107.50	2440.4	2548.4	0.37596	8.1620	8.5402

300	0.003540	0.001004	39.046	111.70	2438.0	2550.2	0.38998	8.1268	8.5190
301	0.003753	0.001004	36.946	115.95	2435.6	2552.0	0.40413	8.0919	8.4981
302	0.003978	0.001004	34.974	120.17	2433.2	2553.8	0.41812	8.0572	8.4773
303	0.004214	0.001004	33.121	124.39	2430.8	2555.6	0.43206	8.0227	8.4566
304	0.004462	0.001005	31.380	128.61	2428.4	2557.4	0.44596	7.9884	8.4362
305	0.004723	0.001005	29.742	132.83	2426.0	2559.2	0.45982	7.9544	8.4159
306	0.004997	0.001005	28.202	137.06	2423.6	2561.1	0.47364	7.9205	8.3958
307	0.005285	0.001006	26.752	141.28	2421.3	2562.9	0.48741	7.8869	8.3758
308	0.005586	0.001006	25.387	145.51	2418.8	2564.6	0.50114	7.8535	8.3561
309	0.005903	0.001006	24.101	149.73	2416.4	2566.4	0.51483	7.8203	8.3364
310	0.006235	0.001007	22.889	153.96	2414.0	2568.2	0.52848	7.7873	8.3170
311	0.006583	0.001007	21.747	158.19	2411.6	2570.0	0.54208	7.7546	8.2977
312	0.006948	0.001007	20.669	162.41	2409.2	2571.8	0.55564	7.7220	8.2786
313	0.007330	0.001008	19.653	166.64	2406.8	2573.6	0.56915	7.6896	8.2596
314	0.007730	0.001008	18.693	170.86	2404.4	2575.4	0.58262	7.6574	8.2408
315	0.008149	0.001009	17.787	175.09	2402.0	2577.2	0.59605	7.6254	8.2221
316	0.008587	0.001009	16.931	179.31	2399.6	2578.9	0.60944	7.5937	8.2036
317	0.009046	0.001009	16.123	183.54	2397.1	2580.7	0.62278	7.5621	8.1852
318	0.009525	0.001010	15.358	187.76	2394.7	2582.5	0.63608	7.5307	8.1670
319	0.01003	0.001010	14.635	191.99	2392.3	2584.3	0.64933	7.4995	8.1489
320	0.01055	0.001011	13.950	196.21	2389.9	2586.0	0.66254	7.4684	8.1310
321	0.01110	0.001011	13.303	200.43	2387.4	2587.8	0.67571	7.4376	8.1132
322	0.01167	0.001012	12.690	204.65	2385.0	2589.6	0.68884	7.4069	8.0956
323	0.01226	0.001012	12.109	208.87	2382.6	2591.3	0.70192	7.3765	8.0781
324	0.01289	0.001012	11.559	213.09	2380.1	2593.1	0.71496	7.3462	8.0607

Continued

TABLE AII.1 *(Continued)* Properties of Saturated Steam for Increments of Temperature

T (K)	P (MPA)	Volume (M³/KG) V(F)	V(G)	Enthalpy (KJ/KG) H(F)	H(FG)	H(G)	Entropy [KJ/(KG K)] S(F)	S(FG)	S(G)
325	0.01353	0.001013	11.037	217.31	2377.7	2594.8	0.72796	7.3161	8.0435
326	0.01421	0.001013	10.543	221.52	2375.2	2596.6	0.74091	7.2861	8.0264
327	0.01492	0.001014	10.073	225.74	2372.8	2598.3	0.75382	7.2564	8.0095
328	0.01565	0.001014	9.6288	229.95	2370.4	2600.1	0.76669	7.2268	7.9927
329	0.01642	0.001015	9.2063	234.17	2367.9	2601.8	0.77952	7.1974	7.9760
330	0.01721	0.001015	8.8052	238.38	2365.5	2603.6	0.79231	7.1681	7.9595
331	0.01804	0.001016	8.4241	242.59	2363.0	2605.3	0.80505	7.1391	7.9431
332	0.01891	0.001016	8.0621	246.80	2360.5	2607.0	0.81776	7.1102	7.9268
333	0.01981	0.001017	7.7180	251.01	2358.1	2608.8	0.83042	7.0814	7.9107
334	0.02074	0.001018	7.3908	255.22	2355.6	2610.5	0.84304	7.0528	7.8946
335	0.02172	0.001018	7.0797	259.43	2353.1	2612.2	0.85562	7.0244	7.8787
336	0.02273	0.001019	6.7836	263.64	2350.7	2614.0	0.86816	6.9962	7.8630
337	0.02378	0.001019	6.5019	267.84	2348.2	2615.7	0.88066	6.9681	7.8473
338	0.02487	0.001020	6.2337	272.05	2345.7	2617.4	0.89312	6.9401	7.8318
339	0.02601	0.001020	5.9783	276.25	2343.2	2619.1	0.90554	6.9123	7.8164
340	0.02718	0.001021	5.7350	280.45	2340.8	2620.8	0.91792	6.8847	7.8011
341	0.02841	0.001021	5.5031	284.65	2338.3	2622.5	0.93026	6.8572	7.7859
342	0.02968	0.001022	5.2821	288.85	2335.8	2624.2	0.94256	6.8299	7.7708
343	0.03099	0.001023	5.0714	293.05	2333.3	2625.9	0.95483	6.8027	7.7559
344	0.03236	0.001023	4.8704	297.25	2330.8	2627.6	0.96705	6.7757	7.7411
345	0.03378	0.001024	4.6787	301.45	2328.3	2629.3	0.97924	6.7488	7.7264
346	0.03525	0.001024	4.4958	305.65	2325.8	2631.0	0.99139	6.7220	7.7117
347	0.03677	0.001025	4.3211	309.85	2323.3	2632.7	1.0035	6.6954	7.6973
348	0.03835	0.001026	4.1543	314.04	2320.8	2634.4	1.0155	6.6690	7.6829
349	0.03998	0.001026	3.9950	318.24	2318.2	2636.1	1.0276	6.6426	7.6686

350	0.04167	0.001027	3.8429	322.43	2315.7	2637.8	1.0396	6.6165	7.6544
351	0.04343	0.001028	3.6974	326.63	2313.2	2639.4	1.0515	6.5904	7.6403
352	0.04524	0.001028	3.5584	330.82	2310.7	2641.1	1.0635	6.5645	7.6264
353	0.04712	0.001029	3.4254	335.01	2308.1	2642.8	1.0754	6.5387	7.6125
354	0.04906	0.001030	3.2983	339.20	2305.6	2644.4	1.0872	6.5131	7.5988
355	0.05107	0.001030	3.1766	343.40	2303.1	2646.1	1.0991	6.4876	7.5851
356	0.05315	0.001031	3.0602	347.59	2300.5	2647.8	1.1108	6.4622	7.5715
357	0.05529	0.001032	2.9488	351.78	2298.0	2649.4	1.1226	6.4370	7.5581
358	0.05752	0.001032	2.8421	355.97	2295.4	2651.1	1.1343	6.4119	7.5447
359	0.05981	0.001033	2.7399	360.17	2292.9	2652.7	1.1460	6.3869	7.5315
360	0.06218	0.001034	2.6420	364.36	2290.3	2654.3	1.1577	6.3620	7.5183
361	0.06463	0.001034	2.5482	368.55	2287.7	2656.0	1.1693	6.3373	7.5052
362	0.06716	0.001035	2.4583	372.74	2285.1	2657.6	1.1809	6.3126	7.4922
363	0.06977	0.001036	2.3721	376.93	2282.6	2659.2	1.1924	6.2881	7.4793
364	0.07247	0.001037	2.2895	381.12	2280.0	2660.8	1.2040	6.2638	7.4665
365	0.07525	0.001037	2.2102	385.32	2277.4	2662.5	1.2155	6.2395	7.4538
366	0.07812	0.001038	2.1341	389.51	2274.8	2664.1	1.2269	6.2154	7.4412
367	0.08108	0.001039	2.0611	393.70	2272.2	2665.7	1.2384	6.1913	7.4287
368	0.08413	0.001040	1.9911	397.90	2269.6	2667.3	1.2498	6.1674	7.4162
369	0.08728	0.001040	1.9238	402.09	2267.0	2668.9	1.2611	6.1436	7.4039
370	0.09052	0.001041	1.8592	406.29	2264.4	2670.5	1.2725	6.1200	7.3916
371	0.09387	0.001042	1.7972	410.48	2261.7	2672.1	1.2838	6.0964	7.3794
372	0.09732	0.001043	1.7376	414.68	2259.1	2673.6	1.2951	6.0729	7.3673
373	0.1009	0.001043	1.6803	418.88	2256.5	2675.2	1.3063	6.0496	7.3552
374	0.1045	0.001044	1.6252	423.07	2253.8	2676.8	1.3176	6.0264	7.3433

Continued

TABLE AII.1 (Continued) Properties of Saturated Steam for Increments of Temperature

T (K)	P (MPA)	Volume (M³/KG)		Enthalpy (KJ/KG)			Entropy [KJ/(KG K)]		
		V(F)	V(G)	H(F)	H(FG)	H(G)	S(F)	S(FG)	S(G)
375	0.1083	0.001045	1.5723	427.27	2251.2	2678.4	1.3288	6.0032	7.3314
376	0.1122	0.001046	1.5214	431.47	2248.5	2679.9	1.3400	5.9802	7.3196
377	0.1162	0.001047	1.4724	435.67	2245.9	2681.5	1.3511	5.9573	7.3079
378	0.1203	0.001047	1.4253	439.88	2243.2	2683.0	1.3622	5.9344	7.2963
379	0.1245	0.001048	1.3800	444.08	2240.5	2684.6	1.3733	5.9117	7.2847
380	0.1289	0.001049	1.3363	448.28	2237.8	2686.1	1.3844	5.8891	7.2733
381	0.1333	0.001050	1.2943	452.49	2235.1	2687.7	1.3954	5.8666	7.2618
382	0.1379	0.001051	1.2539	456.70	2232.4	2689.2	1.4064	5.8442	7.2505
383	0.1427	0.001052	1.2149	460.91	2229.7	2690.7	1.4174	5.8219	7.2392
384	0.1475	0.001053	1.1774	465.12	2227.0	2692.2	1.4284	5.7997	7.2281
385	0.1525	0.001053	1.1413	469.33	2224.3	2693.7	1.4393	5.7775	7.2169
386	0.1577	0.001054	1.1064	473.54	2221.6	2695.2	1.4502	5.7555	7.2059
387	0.1629	0.001055	1.0728	477.76	2218.9	2696.7	1.4611	5.7336	7.1949
388	0.1684	0.001056	1.0405	481.98	2216.1	2698.2	1.4720	5.7117	7.1840
389	0.1739	0.001057	1.0092	486.19	2213.4	2699.7	1.4828	5.6900	7.1732
390	0.1797	0.001058	0.97917	490.41	2210.6	2701.2	1.4936	5.6683	7.1624
391	0.1855	0.001059	0.95013	494.64	2207.9	2702.7	1.5044	5.6468	7.1517
392	0.1916	0.001060	0.92210	498.86	2205.1	2704.1	1.5152	5.6253	7.1410
393	0.1978	0.001060	0.89506	503.09	2202.3	2705.6	1.5260	5.6039	7.1304
394	0.2041	0.001061	0.86895	507.32	2199.5	2707.0	1.5367	5.5826	7.1199
395	0.2106	0.001062	0.84375	511.55	2196.7	2708.5	1.5474	5.5614	7.1095
396	0.2173	0.001063	0.81942	515.78	2193.9	2709.9	1.5581	5.5403	7.0991
397	0.2242	0.001064	0.79592	520.02	2191.1	2711.4	1.5687	5.5192	7.0887
398	0.2312	0.001065	0.77322	524.26	2188.3	2712.8	1.5794	5.4983	7.0785
399	0.2384	0.001066	0.75129	528.50	2185.4	2714.2	1.5900	5.4774	7.0682

400	0.2458	0.001067	0.73010	532.74	2182.6	2715.6	1.6006	5.4566	7.0581
401	0.2534	0.001068	0.70962	536.99	2179.8	2717.0	1.6111	5.4359	7.0480
402	0.2612	0.001069	0.68982	541.23	2176.9	2718.4	1.6217	5.4152	7.0380
403	0.2691	0.001070	0.67068	545.49	2174.0	2719.8	1.6322	5.3947	7.0280
404	0.2773	0.001071	0.65217	549.74	2171.1	2721.2	1.6428	5.3742	7.0180
405	0.2856	0.001072	0.63427	553.99	2168.3	2722.6	1.6532	5.3538	7.0082
406	0.2942	0.001073	0.61695	558.25	2165.4	2723.9	1.6637	5.3335	6.9984
407	0.3030	0.001074	0.60020	562.52	2162.4	2725.3	1.6742	5.3132	6.9886
408	0.3119	0.001075	0.58398	566.78	2159.5	2726.6	1.6846	5.2930	6.9789
409	0.3211	0.001076	0.56829	571.05	2156.6	2728.0	1.6950	5.2729	6.9692
410	0.3305	0.001077	0.55310	575.32	2153.7	2729.3	1.7054	5.2529	6.9596
411	0.3402	0.001078	0.53840	579.59	2150.7	2730.6	1.7158	5.2329	6.9501
412	0.3500	0.001079	0.52416	583.87	2147.7	2732.0	1.7262	5.2130	6.9405
413	0.3601	0.001080	0.51037	588.15	2144.8	2733.3	1.7365	5.1932	6.9311
414	0.3704	0.001081	0.49701	592.43	2141.8	2734.6	1.7468	5.1735	6.9217
415	0.3810	0.001082	0.48407	596.72	2138.8	2735.9	1.7572	5.1538	6.9123
416	0.3918	0.001083	0.47153	601.00	2135.8	2737.1	1.7674	5.1342	6.9030
417	0.4028	0.001084	0.45938	605.30	2132.8	2738.4	1.7777	5.1146	6.8937
418	0.4141	0.001085	0.44761	609.59	2129.7	2739.7	1.7880	5.0952	6.8845
419	0.4256	0.001086	0.43619	613.89	2126.7	2740.9	1.7982	5.0757	6.8753
420	0.4374	0.001087	0.42512	618.19	2123.7	2742.2	1.8084	5.0564	6.8662
421	0.4495	0.001088	0.41438	622.50	2120.6	2743.4	1.8186	5.0371	6.8571
422	0.4618	0.001089	0.40397	626.81	2117.5	2744.7	1.8288	5.0179	6.8481
423	0.4744	0.001091	0.39387	631.12	2114.4	2745.9	1.8390	4.9987	6.8391
424	0.4873	0.001092	0.38408	635.43	2111.3	2747.1	1.8492	4.9796	6.8301

Continued

TABLE AII.1 (Continued) *Properties of Saturated Steam for Increments of Temperature*

T (K)	P (MPA)	Volume (M³/KG)			Enthalpy (KJ/KG)			Entropy [KJ/(KG K)]		
		V(F)	V(G)	H(F)	H(FG)	H(G)	S(F)	S(FG)	S(G)
425	0.5004	0.001093	0.37457	639.75	2108.2	2748.3	1.8593	4.9606	6.8212
426	0.5138	0.001094	0.36534	644.08	2105.1	2749.5	1.8694	4.9416	6.8124
427	0.5275	0.001095	0.35639	648.40	2102.0	2750.7	1.8795	4.9227	6.8035
428	0.5415	0.001096	0.34770	652.73	2098.8	2751.8	1.8896	4.9038	6.7947
429	0.5558	0.001097	0.33926	657.07	2095.6	2753.0	1.8997	4.8850	6.7860
430	0.5704	0.001098	0.33107	661.40	2092.5	2754.1	1.9097	4.8663	6.7773
431	0.5853	0.001100	0.32311	665.74	2089.3	2755.3	1.9198	4.8476	6.7686
432	0.6005	0.001101	0.31538	670.09	2086.1	2756.4	1.9298	4.8289	6.7600
433	0.6160	0.001102	0.30787	674.44	2082.9	2757.5	1.9398	4.8104	6.7514
434	0.6319	0.001103	0.30057	678.79	2079.6	2758.6	1.9498	4.7918	6.7428
435	0.6480	0.001104	0.29349	683.14	2076.4	2759.7	1.9598	4.7733	6.7343
436	0.6645	0.001106	0.28660	687.50	2073.1	2760.8	1.9698	4.7549	6.7258
437	0.6813	0.001107	0.27990	691.87	2069.8	2761.9	1.9797	4.7366	6.7173
438	0.6985	0.001108	0.27339	696.23	2066.6	2763.0	1.9897	4.7182	6.7089
439	0.7160	0.001109	0.26706	700.60	2063.3	2764.0	1.9996	4.7000	6.7005
440	0.7338	0.001110	0.26091	704.98	2059.9	2765.1	2.0095	4.6817	6.6922
441	0.7520	0.001112	0.25493	709.36	2056.6	2766.1	2.0194	4.6636	6.6839
442	0.7705	0.001113	0.24911	713.74	2053.3	2767.1	2.0293	4.6454	6.6756
443	0.7894	0.001114	0.24345	718.13	2049.9	2768.1	2.0392	4.6274	6.6673
444	0.8087	0.001115	0.23794	722.52	2046.5	2769.1	2.0490	4.6093	6.6591
445	0.8284	0.001117	0.23258	726.91	2043.1	2770.1	2.0589	4.5914	6.6509
446	0.8484	0.001118	0.22736	731.31	2039.7	2771.1	2.0687	4.5734	6.6428
447	0.8688	0.001119	0.22229	735.72	2036.3	2772.1	2.0785	4.5555	6.6346
448	0.8896	0.001121	0.21735	740.12	2032.9	2773.0	2.0883	4.5377	6.6265
449	0.9107	0.001122	0.21254	744.53	2029.4	2773.9	2.0981	4.5199	6.6185

450	0.9323	0.001123	0.20786	748.95	2025.9	2774.9	2.1079	4.5021	6.6104
451	0.9543	0.001124	0.20330	753.37	2022.4	2775.8	2.1176	4.4844	6.6024
452	0.9766	0.001126	0.19885	757.79	2018.9	2776.7	2.1274	4.4667	6.5944
453	0.9994	0.001127	0.19453	762.22	2015.4	2777.6	2.1371	4.4491	6.5865
454	1.022	0.001129	0.19032	766.65	2011.9	2778.5	2.1468	4.4315	6.5785
455	1.046	0.001130	0.18621	771.09	2008.3	2779.3	2.1565	4.4139	6.5706
456	1.070	0.001131	0.18221	775.53	2004.7	2780.2	2.1662	4.3964	6.5627
457	1.094	0.001133	0.17832	779.97	2001.1	2781.0	2.1759	4.3789	6.5549
458	1.119	0.001134	0.17452	784.42	1997.5	2781.8	2.1856	4.3615	6.5471
459	1.145	0.001135	0.17082	788.88	1993.9	2782.6	2.1952	4.3441	6.5392
460	1.170	0.001137	0.16721	793.34	1990.3	2783.4	2.2049	4.3267	6.5315
461	1.197	0.001138	0.16369	797.80	1986.6	2784.2	2.2145	4.3094	6.5237
462	1.223	0.001140	0.16027	802.26	1982.9	2785.0	2.2241	4.2921	6.5160
463	1.251	0.001141	0.15692	806.74	1979.2	2785.8	2.2337	4.2748	6.5083
464	1.278	0.001143	0.15366	811.21	1975.5	2786.5	2.2433	4.2576	6.5006
465	1.306	0.001144	0.15048	815.69	1971.8	2787.2	2.2529	4.2404	6.4929
466	1.335	0.001145	0.14738	820.18	1968.0	2787.9	2.2625	4.2233	6.4853
467	1.364	0.001147	0.14435	824.67	1964.2	2788.6	2.2720	4.2061	6.4776
468	1.394	0.001148	0.14140	829.16	1960.4	2789.3	2.2816	4.1890	6.4700
469	1.424	0.001150	0.13852	833.66	1956.6	2790.0	2.2911	4.1720	6.4625
470	1.454	0.001151	0.13570	838.16	1952.8	2790.7	2.3006	4.1549	6.4549
471	1.486	0.001153	0.13296	842.67	1948.9	2791.3	2.3101	4.1379	6.4474
472	1.517	0.001154	0.13028	847.18	1945.1	2791.9	2.3196	4.1210	6.4398
473	1.549	0.001156	0.12767	851.70	1941.2	2792.5	2.3291	4.1040	6.4323
474	1.582	0.001158	0.12511	856.22	1937.3	2793.1	2.3386	4.0871	6.4248

Continued

TABLE AII.1 (Continued) Properties of Saturated Steam for Increments of Temperature

T (K)	P (MPA)	Volume (M³/KG)		Enthalpy (KJ/KG)			Entropy [KJ/(KG K)]		
		V(F)	V(G)	H(F)	H(FG)	H(G)	S(F)	S(FG)	S(G)
475	1.615	0.001159	0.12262	860.75	1933.3	2793.7	2.3481	4.0702	6.4174
476	1.649	0.001161	0.12019	865.28	1929.4	2794.3	2.3575	4.0533	6.4099
477	1.683	0.001162	0.11781	869.82	1925.4	2794.8	2.3670	4.0365	6.4025
478	1.718	0.001164	0.11549	874.36	1921.4	2795.4	2.3764	4.0197	6.3951
479	1.754	0.001165	0.11322	878.91	1917.4	2795.9	2.3858	4.0029	6.3877
480	1.790	0.001167	0.11101	883.46	1913.3	2796.4	2.3952	3.9862	6.3803
481	1.826	0.001169	0.10884	888.02	1909.3	2796.9	2.4046	3.9694	6.3729
482	1.863	0.001170	0.10673	892.58	1905.2	2797.4	2.4140	3.9527	6.3656
483	1.901	0.001172	0.10466	897.15	1901.1	2797.8	2.4234	3.9360	6.3582
484	1.939	0.001174	0.10264	901.72	1896.9	2798.3	2.4328	3.9194	6.3509
485	1.978	0.001175	0.10067	906.30	1892.8	2798.7	2.4421	3.9027	6.3436
486	2.018	0.001177	0.098742	910.88	1888.6	2799.5	2.4515	3.8861	6.3363
487	2.058	0.001179	0.096856	915.47	1884.4	2799.5	2.4608	3.8695	6.3290
488	2.099	0.001180	0.095013	920.07	1880.2	2799.8	2.4701	3.8529	6.3217
489	2.140	0.001182	0.093211	924.67	1876.0	2800.2	2.4795	3.8364	6.3145
490	2.182	0.001184	0.091448	929.27	1871.7	2800.5	2.4888	3.8198	6.3072
491	2.225	0.001186	0.089725	933.88	1867.4	2800.9	2.4981	3.8033	6.3000
492	2.268	0.001187	0.088040	938.50	1863.1	2801.2	2.5074	3.7868	6.2928
493	2.312	0.001189	0.086391	943.12	1858.7	2801.5	2.5167	3.7703	6.2856
494	2.357	0.001191	0.084779	947.75	1854.4	2801.7	2.5259	3.7539	6.2784
495	2.402	0.001193	0.083201	952.39	1850.0	2802.0	2.5352	3.7374	6.2712
496	2.448	0.001195	0.081658	957.03	1845.6	2802.2	2.5445	3.7210	6.2640
497	2.494	0.001197	0.080148	961.67	1841.1	2802.4	2.5537	3.7045	6.2568
498	2.542	0.001198	0.078670	966.33	1836.7	2802.6	2.5629	3.6881	6.2497
499	2.590	0.001200	0.077224	970.99	1832.2	2802.8	2.5722	3.6717	6.2425

500	2.638	0.001202	975.65	1827.7	2802.9	2.5814	3.6554	6.2354
502	2.738	0.001206	985.00	1818.5	2803.2	2.5998	3.6227	6.2211
504	2.840	0.001210	994.38	1809.3	2803.4	2.6182	3.5900	6.2068
506	2.945	0.001214	1003.7	1800.0	2803.5	2.6366	3.5574	6.1926
508	3.053	0.001218	1013.2	1790.6	2803.5	2.6549	3.5248	6.1784
510	3.165	0.001222	1022.6	1781.0	2803.4	2.6733	3.4922	6.1643
512	3.279	0.001226	1032.1	1771.3	2803.3	2.6915	3.4597	6.1501
514	3.396	0.001230	1041.7	1761.6	2803.1	2.7098	3.4272	6.1360
516	3.517	0.001235	1051.2	1751.6	2802.8	2.7281	3.3947	6.1218
518	3.641	0.001239	1060.8	1741.6	2802.4	2.7463	3.3623	6.1077
520	3.768	0.001244	1070.4	1731.5	2801.9	2.7646	3.3298	6.0936
522	3.899	0.001248	1080.1	1721.2	2801.3	2.7828	3.2974	6.0795
524	4.033	0.001253	1089.8	1710.8	2800.6	2.8010	3.2649	6.0653
526	4.171	0.001258	1099.5	1700.2	2799.9	2.8192	3.2325	6.0512
528	4.312	0.001262	1109.3	1689.6	2799.0	2.8374	3.2000	6.0370
530	4.457	0.001267	1119.1	1678.8	2798.1	2.8556	3.1675	6.0229
532	4.605	0.001272	1129.0	1667.8	2797.0	2.8738	3.1350	6.0087
534	4.758	0.001277	1138.9	1656.7	2795.8	2.8920	3.1025	5.9945
536	4.914	0.001283	1148.8	1645.4	2794.6	2.9102	3.0699	5.9803
538	5.074	0.001288	1158.8	1634.0	2793.2	2.9284	3.0373	5.9660
540	5.238	0.001293	1168.8	1622.5	2791.7	2.9466	3.0047	5.9517
542	5.405	0.001299	1178.9	1610.8	2790.1	2.9648	2.9720	5.9373
544	5.577	0.001305	1189.1	1598.9	2788.4	2.9831	2.9392	5.9230
546	5.754	0.001310	1199.3	1586.8	2786.6	3.0014	2.9064	5.9085
548	5.934	0.001316	1209.5	1574.6	2784.7	3.0197	2.8735	5.8940

Continued

TABLE AII.1 *(Continued)* Properties of Saturated Steam for Increments of Temperature

T (K)	P (MPA)	Volume (M³/KG)		Enthalpy (KJ/KG)			Entropy [KJ/(KG K)]		
		V(F)	V(G)	H(F)	H(FG)	H(G)	S(F)	S(FG)	S(G)
550	6.119	0.001322	0.031759	1219.8	1562.2	2782.6	3.0380	2.8405	5.8795
552	6.308	0.001329	0.030719	1230.2	1549.7	2780.4	3.0564	2.8074	5.8649
554	6.501	0.001335	0.029716	1240.7	1536.9	2778.1	3.0748	2.7742	5.8502
556	6.699	0.001341	0.028746	1251.2	1523.9	2775.6	3.0933	2.7409	5.8354
558	6.901	0.001348	0.027810	1261.7	1510.8	2773.1	3.1117	2.7076	5.8205
560	7.108	0.001355	0.026904	1272.4	1497.4	2770.3	3.1303	2.6740	5.8056
562	7.320	0.001362	0.026029	1283.1	1483.9	2767.5	3.1489	2.6404	5.7905
564	7.537	0.001369	0.025183	1293.9	1470.1	2764.4	3.1675	2.6066	5.7754
566	7.758	0.001376	0.024364	1304.7	1456.1	2761.3	3.1862	2.5726	5.7601
568	7.984	0.001384	0.023572	1315.7	1441.8	2757.9	3.2050	2.5385	5.7447
570	8.216	0.001391	0.022805	1326.7	1427.3	2754.4	3.2238	2.5042	5.7292
572	8.452	0.001399	0.022063	1337.9	1412.6	2750.8	3.2428	2.4696	5.7135
574	8.694	0.001407	0.021344	1349.1	1397.6	2746.9	3.2617	2.4349	5.6977
576	8.941	0.001416	0.020647	1360.4	1382.4	2742.9	3.2808	2.4000	5.6817
578	9.193	0.001424	0.019972	1371.8	1366.8	2738.7	3.3000	2.3648	5.6656
580	9.450	0.001433	0.019318	1383.3	1351.0	2734.3	3.3192	2.3293	5.6493
582	9.713	0.001442	0.018683	1394.9	1334.8	2729.7	3.3385	2.2936	5.6327
584	9.982	0.001452	0.018067	1406.6	1318.4	2724.8	3.3580	2.2575	5.6160
586	10.25	0.001461	0.017469	1418.4	1301.6	2719.8	3.3775	2.2212	5.5990
588	10.53	0.001471	0.016889	1430.3	1284.4	2714.5	3.3971	2.1844	5.5818
590	10.82	0.001482	0.016325	1442.4	1266.9	2709.0	3.4169	2.1473	5.5643
592	11.11	0.001492	0.015777	1454.6	1249.0	2703.2	3.4367	2.1098	5.5465
594	11.41	0.001504	0.015244	1466.8	1230.7	2697.1	3.4567	2.0719	5.5285
596	11.71	0.001515	0.014726	1479.3	1211.9	2690.8	3.4768	2.0335	5.5101
598	12.02	0.001527	0.014222	1491.8	1192.7	2684.1	3.4970	1.9945	5.4914

600	12.34	0.001540	0.013731	1504.5	1173.0	2677.1	3.5174	1.9550	5.4722
602	12.66	0.001553	0.013252	1517.5	1152.8	2669.8	3.5381	1.9149	5.4527
604	12.99	0.001566	0.012786	1530.6	1132.0	2662.1	3.5590	1.8742	5.4327
606	13.33	0.001580	0.012331	1543.9	1110.6	2654.1	3.5801	1.8327	5.4123
608	13.67	0.001595	0.011887	1557.4	1088.6	2645.6	3.6014	1.7904	5.3913
610	14.03	0.001611	0.011453	1571.1	1065.8	2636.6	3.6231	1.7473	5.3698
612	14.38	0.001628	0.011028	1585.1	1042.4	2627.2	3.6450	1.7032	5.3477
614	14.75	0.001645	0.010613	1599.3	1018.0	2617.3	3.6673	1.6581	5.3248
616	15.12	0.001663	0.010206	1613.9	992.88	2606.7	3.6900	1.6118	5.3012
618	15.50	0.001683	0.009806	1628.9	966.68	2595.6	3.7132	1.5642	5.2768
620	15.89	0.001704	0.009413	1644.2	939.38	2583.7	3.7369	1.5151	5.2515
622	16.29	0.001727	0.009027	1660.0	910.84	2571.0	3.7612	1.4643	5.2251
624	16.70	0.001751	0.008646	1676.3	880.92	2557.5	3.7863	1.4117	5.1975
626	17.11	0.001777	0.008269	1693.2	849.42	2543.0	3.8122	1.3569	5.1686
628	17.53	0.001806	0.007896	1710.8	816.11	2527.4	3.8390	1.2995	5.1382
630	17.96	0.001837	0.007524	1729.3	780.67	2510.4	3.8671	1.2391	5.1059
632	18.40	0.001872	0.007153	1748.7	742.73	2491.9	3.8966	1.1752	5.0716
634	18.86	0.001912	0.006781	1769.4	701.74	2471.5	3.9279	1.1068	5.0346
636	19.32	0.001958	0.006404	1791.6	656.95	2448.8	3.9614	1.0329	4.9944
638	19.79	0.002011	0.006019	1815.8	607.25	2423.2	3.9980	0.95181	4.9501
640	20.27	0.002076	0.005620	1842.8	550.88	2393.6	4.0389	0.86075	4.9001
642	20.76	0.002159	0.005195	1874.1	484.65	2358.2	4.0860	0.75492	4.8419
644	21.26	0.002274	0.004722	1912.6	401.75	2313.2	4.1442	0.62385	4.7698
646	21.78	0.002474	0.004129	1968.5	280.07	2246.5	4.2289	0.43356	4.6654
647.3	22.12	0.003155	0.003150	2098.8	0.0000	2098.8	4.4289	0.00000	4.4289

TABLE AII.2 *Properties of Saturated Steam for Increments of Pressure*

P (MPA)	T (K)	Volume (M³/KG)		Enthalpy (KJ/KG)			Entropy [KJ/(KG K)]		
		V(F)	V(G)	H(F)	H(FG)	H(G)	S(F)	S(FG)	S(G)
0.0006113	273.1	0.001000	206.16	0.0	2501.2	2500.7	0.0	9.1555	9.1527
0.0010	280.1	0.001000	129.19	28.592	2485.1	2513.7	0.10326	8.8716	8.9750
0.0011	281.5	0.001000	118.02	34.326	2481.8	2516.3	0.12373	8.8162	8.9406
0.0012	282.7	0.001000	108.67	39.629	2478.8	2518.6	0.14255	8.7656	8.9092
0.0013	283.9	0.001001	100.73	44.565	2476.0	2520.8	0.16001	8.7190	8.8803
0.0014	285.0	0.001001	93.899	49.200	2473.4	2522.9	0.17628	8.6757	8.8535
0.0015	286.1	0.001001	87.957	53.560	2470.9	2524.8	0.19153	8.6354	8.8287
0.0016	287.1	0.001001	82.740	57.676	2468.6	2526.7	0.20589	8.5976	8.8054
0.0017	288.0	0.001001	78.123	61.582	2466.4	2528.4	0.21945	8.5620	8.7835
0.0018	288.9	0.001001	74.007	65.298	2464.3	2530.0	0.23230	8.5285	8.7629
0.0019	289.7	0.001001	70.315	68.838	2462.3	2531.6	0.24453	8.4967	8.7435
0.0020	290.6	0.001002	66.982	72.226	2460.4	2533.1	0.25618	8.4665	8.7250
0.0021	291.3	0.001002	63.960	75.468	2458.5	2534.5	0.26732	8.4378	8.7074
0.0022	292.1	0.001002	61.206	78.584	2456.8	2535.8	0.27799	8.4103	8.6907
0.0023	292.8	0.001002	58.685	81.577	2455.1	2537.1	0.28822	8.3841	8.6747
0.0024	293.5	0.001002	56.370	84.458	2453.4	2538.4	0.29806	8.3590	8.6594
0.0025	294.1	0.001002	54.235	87.239	2451.9	2539.6	0.30752	8.3348	8.6447
0.0026	294.8	0.001002	52.260	89.922	2450.4	2540.8	0.31665	8.3116	8.6306
0.0027	295.4	0.001003	50.428	92.521	2448.9	2541.9	0.32547	8.2893	8.6171
0.0028	296.0	0.001003	48.724	95.033	2447.5	2543.0	0.33398	8.2677	8.6040
0.0029	296.6	0.001003	47.134	97.471	2446.1	2544.0	0.34222	8.2469	8.5914
0.0030	297.1	0.001003	45.648	99.834	2444.7	2545.1	0.35020	8.2268	8.5792
0.0031	297.7	0.001003	44.255	102.12	2443.4	2546.1	0.35794	8.2073	8.5675
0.0032	298.2	0.001003	42.948	104.36	2442.2	2547.0	0.36544	8.1884	8.5561
0.0033	298.7	0.001003	41.717	106.53	2440.9	2548.0	0.37273	8.1701	8.5451

0.0034	299.2	0.001003	40.557	108.65	2439.7	2548.9	0.37981	8.1523	8.5344
0.0035	299.7	0.001004	39.462	110.71	2438.6	2549.8	0.38669	8.1350	8.5240
0.0036	300.2	0.001004	38.426	112.76	2437.4	2550.6	0.39354	8.1183	8.5139
0.0037	300.7	0.001004	37.444	114.73	2436.3	2551.5	0.40010	8.1019	8.5041
0.0038	301.1	0.001004	36.513	116.66	2435.2	2552.3	0.40650	8.0860	8.4945
0.0039	301.6	0.001004	35.628	118.54	2434.1	2553.1	0.41275	8.0705	8.4852
0.0040	302.0	0.001004	34.787	120.39	2433.1	2553.9	0.41885	8.0554	8.4762
0.0041	302.4	0.001004	33.986	122.19	2432.1	2554.7	0.42482	8.0406	8.4673
0.0042	302.8	0.001004	33.221	123.96	2431.1	2555.5	0.43065	8.0262	8.4587
0.0043	303.3	0.001005	32.492	125.69	2430.1	2556.2	0.43635	8.0121	8.4503
0.0044	303.7	0.001005	31.794	127.39	2429.1	2556.9	0.44194	7.9983	8.4421
0.0045	304.1	0.001005	31.127	129.05	2428.2	2557.6	0.44741	7.9849	8.4341
0.0046	304.4	0.001005	30.488	130.68	2427.3	2558.3	0.45277	7.9717	8.4262
0.0047	304.8	0.001005	29.876	132.28	2426.4	2559.0	0.45802	7.9588	8.4185
0.0048	305.2	0.001005	29.288	133.86	2425.5	2559.7	0.46317	7.9462	8.4110
0.0049	305.6	0.001005	28.724	135.40	2424.6	2560.3	0.46823	7.9338	8.4037
0.0050	305.9	0.001005	28.182	136.92	2423.7	2561.0	0.47319	7.9216	8.3964
0.0051	306.3	0.001005	27.661	138.41	2422.9	2561.6	0.47805	7.9097	8.3894
0.0052	306.6	0.001006	27.159	139.88	2422.0	2562.3	0.48284	7.8981	8.3825
0.0053	307.0	0.001006	26.675	141.32	2421.2	2562.9	0.48754	7.8866	8.3757
0.0054	307.3	0.001006	26.209	142.74	2420.4	2563.5	0.49215	7.8754	8.3690
0.0055	307.6	0.001006	25.759	144.14	2419.6	2564.1	0.49669	7.8643	8.3625
0.0056	308.0	0.001006	25.326	145.51	2418.8	2564.6	0.50116	7.8535	8.3560
0.0057	308.3	0.001006	24.906	146.87	2418.1	2565.2	0.50555	7.8428	8.3497
0.0058	308.6	0.001006	24.501	148.20	2417.3	2565.8	0.50987	7.8323	8.3435

Continued

TABLE AII.2 *(Continued)* Properties of Saturated Steam for Increments of Pressure

P (MPA)	T (K)	Volume (M³/KG)		Enthalpy (KJ/KG)			Entropy [KJ/(KG K)]		
		V(F)	V(G)	H(F)	H(FG)	H(G)	S(F)	S(FG)	S(G)
0.0059	308.9	0.001006	24.110	149.52	2416.6	2566.3	0.51412	7.8220	8.3375
0.0060	309.2	0.001006	23.731	150.81	2415.8	2566.9	0.51831	7.8119	8.3315
0.0061	309.5	0.001007	23.364	152.09	2415.1	2567.4	0.52243	7.8019	8.3256
0.0062	309.8	0.001007	23.009	153.35	2414.4	2568.0	0.52649	7.7921	8.3198
0.0063	310.1	0.001007	22.664	154.59	2413.7	2568.5	0.53049	7.7825	8.3141
0.0064	310.4	0.001007	22.330	155.81	2413.0	2569.0	0.53444	7.7730	8.3085
0.0065	310.7	0.001007	22.007	157.02	2412.3	2569.5	0.53833	7.7636	8.3030
0.0066	311.0	0.001007	21.692	158.21	2411.6	2570.0	0.54216	7.7544	8.2976
0.0067	311.2	0.001007	21.387	159.39	2410.9	2570.5	0.54594	7.7453	8.2922
0.0068	311.5	0.001007	21.091	160.55	2410.3	2571.0	0.54967	7.7363	8.2870
0.0069	311.8	0.001007	20.803	161.70	2409.6	2571.5	0.55334	7.7275	8.2818
0.0070	312.0	0.001008	20.522	162.83	2409.0	2572.0	0.55697	7.7188	8.2767
0.0071	312.3	0.001008	20.250	163.95	2408.3	2572.5	0.56055	7.7102	8.2716
0.0072	312.6	0.001008	19.985	165.05	2407.7	2572.9	0.56409	7.7017	8.2667
0.0073	312.8	0.001008	19.727	166.15	2407.1	2573.4	0.56758	7.6934	8.2618
0.0074	313.1	0.001008	19.476	167.23	2406.5	2573.8	0.57102	7.6851	8.2570
0.0075	313.3	0.001008	19.231	168.29	2405.9	2574.3	0.57443	7.6770	8.2522
0.0076	313.6	0.001008	18.993	169.35	2405.3	2574.7	0.57779	7.6690	8.2475
0.0077	313.8	0.001008	18.760	170.39	2404.7	2575.2	0.58111	7.6610	8.2429
0.0078	314.1	0.001008	18.534	171.42	2404.1	2575.6	0.58440	7.6532	8.2383
0.0079	314.3	0.001008	18.313	172.44	2403.5	2576.0	0.58764	7.6455	8.2338
0.0080	314.6	0.001008	18.097	173.45	2402.9	2576.5	0.59084	7.6378	8.2293
0.0081	314.8	0.001009	17.887	174.45	2402.3	2576.9	0.59401	7.6303	8.2249
0.0082	315.0	0.001009	17.681	175.44	2401.8	2577.3	0.59715	7.6228	8.2206
0.0083	315.3	0.001009	17.481	176.41	2401.2	2577.7	0.60025	7.6155	8.2163

0.0084	315.5	0.001009	17.285	177.38	2400.7	2578.1	0.60331	7.6082	8.2120
0.0085	315.7	0.001009	17.093	178.34	2400.1	2578.5	0.60634	7.6010	8.2078
0.0086	315.9	0.001009	16.906	179.28	2399.6	2578.9	0.60934	7.5939	8.2037
0.0087	316.2	0.001009	16.723	180.22	2399.0	2579.3	0.61231	7.5869	8.1996
0.0088	316.4	0.001009	16.544	181.15	2398.5	2579.7	0.61524	7.5799	8.1956
0.0089	316.6	0.001009	16.369	182.07	2398.0	2580.1	0.61814	7.5730	8.1916
0.0090	316.8	0.001009	16.198	182.98	2397.5	2580.5	0.62102	7.5662	8.1876
0.0091	317.0	0.001009	16.030	183.88	2396.9	2580.9	0.62386	7.5595	8.1837
0.0092	317.2	0.001010	15.866	184.78	2396.4	2581.2	0.62668	7.5528	8.1798
0.0093	317.5	0.001010	15.706	185.66	2395.9	2581.6	0.62947	7.5463	8.1760
0.0094	317.7	0.001010	15.548	186.54	2395.4	2582.0	0.63223	7.5397	8.1722
0.0095	317.9	0.001010	15.394	187.41	2394.9	2582.3	0.63496	7.5333	8.1685
0.0096	318.1	0.001010	15.243	188.27	2394.4	2582.7	0.63767	7.5269	8.1648
0.0097	318.3	0.001010	15.096	189.12	2393.9	2583.1	0.64035	7.5206	8.1611
0.0098	318.5	0.001010	14.951	189.97	2393.4	2583.4	0.64301	7.5143	8.1575
0.0099	318.7	0.001010	14.808	190.81	2393.0	2583.8	0.64564	7.5081	8.1539
0.010	318.9	0.001010	14.669	191.64	2392.5	2584.1	0.64825	7.5020	8.1504
0.011	320.7	0.001011	13.411	199.58	2387.9	2587.4	0.67307	7.4438	8.1168
0.012	322.5	0.001012	12.358	206.92	2383.7	2590.5	0.69589	7.3905	8.0861
0.013	324.1	0.001013	11.462	213.76	2379.7	2593.4	0.71703	7.3414	8.0580
0.014	325.6	0.001013	10.691	220.15	2376.0	2596.0	0.73671	7.2958	8.0320
0.015	327.1	0.001014	10.020	226.17	2372.6	2598.5	0.75514	7.2534	8.0078
0.016	328.4	0.001015	9.4309	231.85	2369.3	2600.9	0.77246	7.2136	7.9852
0.017	329.7	0.001015	8.9090	237.23	2366.1	2603.1	0.78882	7.1761	7.9640
0.018	330.9	0.001016	8.4435	242.35	2363.1	2605.2	0.80431	7.1407	7.9440

Continued

TABLE AII.2 *(Continued)* Properties of Saturated Steam for Increments of Pressure

P (MPA)	T (K)	Volume (M³/KG)		Enthalpy (KJ/KG)			Entropy [KJ/(KG K)]		
		V(F)	V(G)	H(F)	H(FG)	H(G)	S(F)	S(FG)	S(G)
0.019	332.1	0.001016	8.0257	247.23	2360.3	2607.2	0.81903	7.1073	7.9252
0.020	333.2	0.001017	7.6485	251.89	2357.6	2609.1	0.83306	7.0754	7.9073
0.021	334.2	0.001018	7.3062	256.36	2354.9	2611.0	0.84645	7.0451	7.8903
0.022	335.2	0.001018	6.9942	260.65	2352.4	2612.7	0.85926	7.0162	7.8741
0.023	336.2	0.001019	6.7085	264.78	2350.0	2614.4	0.87155	6.9885	7.8587
0.024	337.2	0.001019	6.4460	268.75	2347.7	2616.1	0.88336	6.9620	7.8439
0.025	338.1	0.001020	6.2039	272.59	2345.4	2617.6	0.89473	6.9365	7.8298
0.026	339.0	0.001020	5.9798	276.30	2343.2	2619.1	0.90568	6.9120	7.8162
0.027	339.8	0.001021	5.7719	279.89	2341.1	2620.6	0.91625	6.8884	7.8031
0.028	340.6	0.001021	5.5785	283.36	2339.0	2622.0	0.92647	6.8656	7.7906
0.029	341.4	0.001022	5.3979	286.74	2337.0	2623.4	0.93636	6.8436	7.7784
0.030	342.2	0.001022	5.2291	290.01	2335.1	2624.7	0.94594	6.8224	7.7667
0.031	343.0	0.001023	5.0709	293.19	2333.2	2626.0	0.95523	6.8018	7.7554
0.032	343.7	0.001023	4.9222	296.29	2331.4	2627.3	0.96425	6.7818	7.7445
0.033	344.4	0.001024	4.7823	299.31	2329.6	2628.5	0.97302	6.7625	7.7339
0.034	345.1	0.001024	4.6504	302.25	2327.8	2629.7	0.98154	6.7437	7.7236
0.035	345.8	0.001024	4.5258	305.11	2326.1	2630.8	0.98984	6.7254	7.7136
0.036	346.5	0.001025	4.4079	307.91	2324.4	2631.9	0.99792	6.7077	7.7039
0.037	347.1	0.001025	4.2962	310.64	2322.8	2633.0	1.0058	6.6904	7.6945
0.038	347.8	0.001026	4.1902	313.31	2321.2	2634.1	1.0134	6.6735	7.6853
0.039	348.4	0.001026	4.0895	315.93	2319.6	2635.2	1.0209	6.6571	7.6764
0.040	349.0	0.001026	3.9937	318.48	2318.1	2636.2	1.0283	6.6411	7.6677
0.041	349.6	0.001027	3.9024	320.99	2316.6	2637.2	1.0354	6.6255	7.6593
0.042	350.2	0.001027	3.8153	323.44	2315.1	2638.2	1.0424	6.6102	7.6510
0.043	350.8	0.001028	3.7322	325.84	2313.7	2639.1	1.0493	6.5953	7.6430

0.044	351.3	0.001028	3.6527	328.20	2312.3	2640.1	1.0560	6.5807	7.6351
0.045	351.9	0.001028	3.5766	330.51	2310.9	2641.0	1.0626	6.5664	7.6274
0.046	352.4	0.001029	3.5038	332.77	2309.5	2641.9	1.0690	6.5525	7.6199
0.047	352.9	0.001029	3.4339	335.00	2308.1	2642.8	1.0753	6.5388	7.6126
0.048	353.5	0.001029	3.3669	337.19	2306.8	2643.6	1.0815	6.5254	7.6054
0.049	354.0	0.001030	3.3026	339.34	2305.5	2644.5	1.0876	6.5123	7.5983
0.050	354.5	0.001030	3.2407	341.45	2304.2	2645.3	1.0936	6.4994	7.5914
0.051	355.0	0.001030	3.1812	343.53	2303.0	2646.2	1.0994	6.4868	7.5847
0.052	355.5	0.001031	3.1239	345.57	2301.7	2647.0	1.1052	6.4744	7.5781
0.053	355.9	0.001031	3.0687	347.58	2300.5	2647.8	1.1108	6.4623	7.5716
0.054	356.4	0.001031	3.0155	349.56	2299.3	2648.5	1.1164	6.4503	7.5652
0.055	356.9	0.001032	2.9641	351.51	2298.1	2649.3	1.1218	6.4386	7.5590
0.056	357.3	0.001032	2.9145	353.43	2297.0	2650.1	1.1272	6.4271	7.5528
0.057	357.8	0.001032	2.8667	355.32	2295.8	2650.8	1.1325	6.4158	7.5468
0.058	358.2	0.001033	2.8204	357.18	2294.7	2651.5	1.1377	6.4046	7.5409
0.059	358.7	0.001033	2.7756	359.02	2293.6	2652.2	1.1428	6.3937	7.5351
0.060	359.1	0.001033	2.7323	360.83	2292.4	2653.0	1.1479	6.3829	7.5294
0.061	359.5	0.001033	2.6904	362.62	2291.4	2653.7	1.1528	6.3723	7.5237
0.062	360.0	0.001034	2.6498	364.38	2290.3	2654.3	1.1577	6.3619	7.5182
0.063	360.4	0.001034	2.6104	366.11	2289.2	2655.0	1.1625	6.3516	7.5128
0.064	360.8	0.001034	2.5722	367.83	2288.2	2655.7	1.1673	6.3415	7.5075
0.065	361.2	0.001035	2.5352	369.52	2287.1	2656.3	1.1720	6.3316	7.5022
0.066	361.6	0.001035	2.4992	371.19	2286.1	2657.0	1.1766	6.3217	7.4970
0.067	362.0	0.001035	2.4643	372.84	2285.1	2657.6	1.1812	6.3121	7.4919
0.068	362.4	0.001035	2.4304	374.47	2284.1	2658.3	1.1857	6.3025	7.4869

Continued

TABLE AII.2 *(Continued)* Properties of Saturated Steam for Increments of Pressure

P (MPA)	T (K)	Volume (M³/KG)		Enthalpy (KJ/KG)			Entropy [KJ/(KG K)]		
		V(F)	V(G)	H(F)	H(FG)	H(G)	S(F)	S(FG)	S(G)
0.069	362.7	0.001036	2.3974	376.08	2283.1	2658.9	1.1901	6.2931	7.4820
0.070	363.1	0.001036	2.3653	377.67	2282.1	2659.5	1.1945	6.2839	7.4771
0.071	363.5	0.001036	2.3342	379.24	2281.1	2660.1	1.1988	6.2747	7.4723
0.072	363.9	0.001037	2.3038	380.79	2280.2	2660.7	1.2031	6.2657	7.4675
0.073	364.2	0.001037	2.2743	382.33	2279.2	2661.3	1.2073	6.2568	7.4629
0.074	364.6	0.001037	2.2455	383.84	2278.3	2661.9	1.2114	6.2480	7.4583
0.075	365.0	0.001037	2.2175	385.34	2277.4	2662.5	1.2155	6.2394	7.4537
0.076	365.3	0.001038	2.1902	386.83	2276.5	2663.0	1.2196	6.2308	7.4493
0.077	365.7	0.001038	2.1636	388.29	2275.5	2663.6	1.2236	6.2224	7.4448
0.078	366.0	0.001038	2.1376	389.75	2274.6	2664.2	1.2276	6.2140	7.4405
0.079	366.3	0.001038	2.1123	391.18	2273.8	2664.7	1.2315	6.2058	7.4362
0.080	366.7	0.001039	2.0876	392.60	2272.9	2665.3	1.2354	6.1976	7.4319
0.081	367.0	0.001039	2.0635	394.01	2272.0	2665.8	1.2392	6.1896	7.4277
0.082	367.4	0.001039	2.0399	395.40	2271.1	2666.3	1.2430	6.1816	7.4236
0.083	367.7	0.001039	2.0169	396.78	2270.3	2666.9	1.2467	6.1738	7.4195
0.084	368.0	0.001040	1.9945	398.15	2269.4	2667.4	1.2505	6.1660	7.4155
0.085	368.3	0.001040	1.9725	399.50	2268.6	2667.9	1.2541	6.1583	7.4115
0.086	368.7	0.001040	1.9510	400.84	2267.8	2668.4	1.2577	6.1508	7.4075
0.087	369.0	0.001040	1.9301	402.16	2266.9	2668.9	1.2613	6.1432	7.4036
0.088	369.3	0.001041	1.9095	403.47	2266.1	2669.4	1.2649	6.1358	7.3998
0.089	369.6	0.001041	1.8895	404.78	2265.3	2669.9	1.2684	6.1285	7.3960
0.090	369.9	0.001041	1.8698	406.06	2264.5	2670.4	1.2719	6.1212	7.3922
0.091	370.2	0.001041	1.8506	407.34	2263.7	2670.9	1.2753	6.1140	7.3885
0.092	370.5	0.001042	1.8318	408.61	2262.9	2671.4	1.2787	6.1069	7.3848
0.093	370.8	0.001042	1.8133	409.86	2262.1	2671.8	1.2821	6.0999	7.3812

0.094	371.1	0.001042	1.7953	411.10	2261.3	2672.3	1.2855	6.0929	7.3776
0.095	371.4	0.001042	1.7776	412.33	2260.6	2672.8	1.2888	6.0860	7.3740
0.096	371.7	0.001042	1.7603	413.56	2259.8	2673.2	1.2921	6.0792	7.3705
0.097	372.0	0.001043	1.7433	414.77	2259.0	2673.7	1.2953	6.0725	7.3670
0.098	372.3	0.001043	1.7267	415.97	2258.3	2674.1	1.2985	6.0658	7.3636
0.099	372.5	0.001043	1.7104	417.16	2257.5	2674.6	1.3017	6.0591	7.3602
0.10	372.8	0.001043	1.6944	418.34	2256.8	2675.0	1.3049	6.0526	7.3568
0.101325	373.2	0.001044	1.6736	419.89	2255.8	2675.6	1.3091	6.0440	7.3524
0.11	375.5	0.001046	1.5499	429.64	2249.7	2679.2	1.3351	5.9902	7.3248
0.12	378.0	0.001048	1.4287	440.12	2243.0	2683.1	1.3629	5.9331	7.2956
0.13	380.3	0.001049	1.3257	449.91	2236.8	2686.7	1.3887	5.8804	7.2688
0.14	382.5	0.001051	1.2369	459.11	2230.9	2690.1	1.4127	5.8314	7.2441
0.15	384.6	0.001053	1.1596	467.78	2225.3	2693.2	1.4353	5.7857	7.2210
0.16	386.5	0.001055	1.0916	476.00	2220.0	2696.1	1.4566	5.7427	7.1995
0.17	388.4	0.001056	1.0314	483.81	2214.9	2698.9	1.4767	5.7023	7.1793
0.18	390.1	0.001058	0.97775	491.25	2210.1	2701.5	1.4958	5.6640	7.1602
0.19	391.8	0.001059	0.92951	498.37	2205.4	2704.0	1.5140	5.6278	7.1422
0.20	393.4	0.001061	0.88593	505.20	2200.9	2706.3	1.5313	5.5933	7.1252
0.21	395.0	0.001062	0.84638	511.75	2196.6	2708.6	1.5479	5.5604	7.1090
0.22	396.5	0.001064	0.81030	518.06	2192.4	2710.7	1.5638	5.5289	7.0935
0.23	397.9	0.001065	0.77726	524.15	2188.3	2712.8	1.5791	5.4988	7.0787
0.24	399.3	0.001066	0.74689	530.02	2184.4	2714.7	1.5938	5.4699	7.0646
0.25	400.6	0.001068	0.71886	535.71	2180.6	2716.6	1.6080	5.4421	7.0510
0.26	401.9	0.001069	0.69292	541.21	2176.9	2718.4	1.6216	5.4153	7.0380
0.27	403.2	0.001070	0.66884	546.55	2173.3	2720.2	1.6349	5.3895	7.0255

Continued

TABLE AII.2 (Continued) *Properties of Saturated Steam for Increments of Pressure*

P (MPA)	T (K)	Volume (M³/KG)		Enthalpy (KJ/KG)			Entropy [KJ/(KG K)]		
		V(F)	V(G)	H(F)	H(FG)	H(G)	S(F)	S(FG)	S(G)
0.28	404.4	0.001071	0.64642	551.74	2169.8	2721.8	1.6477	5.3646	7.0134
0.29	405.6	0.001072	0.62550	556.78	2166.4	2723.5	1.6601	5.3405	7.0018
0.30	406.8	0.001074	0.60593	561.68	2163.0	2725.0	1.6721	5.3172	6.9905
0.31	407.9	0.001075	0.58757	566.46	2159.7	2726.5	1.6838	5.2946	6.9796
0.32	409.0	0.001076	0.57033	571.11	2156.5	2728.0	1.6952	5.2726	6.9691
0.33	410.0	0.001077	0.55410	575.66	2153.4	2729.4	1.7063	5.2513	6.9588
0.34	411.1	0.001078	0.53879	580.09	2150.4	2730.8	1.7170	5.2306	6.9489
0.35	412.1	0.001079	0.52432	584.43	2147.4	2732.1	1.7275	5.2104	6.9393
0.36	413.1	0.001080	0.51063	588.67	2144.4	2733.4	1.7378	5.1908	6.9299
0.37	414.0	0.001081	0.49766	592.82	2141.5	2734.7	1.7478	5.1717	6.9208
0.38	415.0	0.001082	0.48535	596.88	2138.7	2735.9	1.7575	5.1531	6.9120
0.39	415.9	0.001083	0.47365	600.86	2135.9	2737.1	1.7671	5.1349	6.9033
0.40	416.8	0.001084	0.46251	604.75	2133.2	2738.3	1.7764	5.1171	6.8949
0.41	417.7	0.001085	0.45190	608.58	2130.5	2739.4	1.7856	5.0998	6.8867
0.42	418.6	0.001086	0.44177	612.33	2127.8	2740.5	1.7945	5.0828	6.8787
0.43	419.4	0.001087	0.43210	616.01	2125.2	2741.6	1.8033	5.0662	6.8708
0.44	420.3	0.001088	0.42286	619.63	2122.6	2742.6	1.8118	5.0500	6.8632
0.45	421.1	0.001089	0.41401	623.18	2120.1	2743.6	1.8203	5.0340	6.8557
0.46	421.9	0.001089	0.40553	626.68	2117.6	2744.6	1.8285	5.0185	6.8484
0.47	422.7	0.001090	0.39740	630.11	2115.2	2745.6	1.8366	5.0032	6.8412
0.48	423.5	0.001091	0.38960	633.49	2112.7	2746.5	1.8446	4.9882	6.8342
0.49	424.3	0.001092	0.38211	636.81	2110.3	2747.5	1.8524	4.9735	6.8273
0.50	425.0	0.001093	0.37491	640.08	2108.0	2748.4	1.8601	4.9591	6.8206
0.51	425.8	0.001094	0.36798	643.30	2105.7	2749.3	1.8676	4.9450	6.8139
0.52	426.5	0.001095	0.36130	646.48	2103.4	2750.1	1.8750	4.9311	6.8074

0.53	427.2	0.001095	0.35487	649.60	2101.1	2751.0	1.8823	4.9174	6.8011
0.54	427.9	0.001096	0.34867	652.69	2098.8	2751.8	1.8895	4.9040	6.7948
0.55	428.6	0.001097	0.34269	655.72	2096.6	2752.6	1.8966	4.8908	6.7887
0.56	429.3	0.001098	0.33691	658.72	2094.4	2753.4	1.9035	4.8779	6.7827
0.57	430.0	0.001099	0.33133	661.67	2092.3	2754.2	1.9104	4.8651	6.7767
0.58	430.7	0.001099	0.32594	664.59	2090.1	2755.0	1.9171	4.8525	6.7709
0.59	431.3	0.001100	0.32072	667.47	2088.0	2755.7	1.9238	4.8402	6.7652
0.60	432.0	0.001101	0.31567	670.31	2085.9	2756.5	1.9303	4.8280	6.7595
0.61	432.6	0.001102	0.31078	673.11	2083.8	2757.2	1.9368	4.8160	6.7540
0.62	433.3	0.001102	0.30604	675.88	2081.8	2757.9	1.9431	4.8042	6.7485
0.63	433.9	0.001103	0.30145	678.61	2079.8	2758.6	1.9494	4.7926	6.7432
0.64	434.5	0.001104	0.29699	681.31	2077.7	2759.3	1.9556	4.7811	6.7379
0.65	435.1	0.001105	0.29267	683.98	2075.7	2759.9	1.9617	4.7698	6.7326
0.66	435.7	0.001105	0.28848	686.62	2073.8	2760.6	1.9678	4.7586	6.7275
0.67	436.3	0.001106	0.28440	689.23	2071.8	2761.3	1.9737	4.7476	6.7224
0.68	436.9	0.001107	0.28044	691.81	2069.9	2761.9	1.9796	4.7368	6.7175
0.69	437.5	0.001107	0.27659	694.36	2068.0	2762.5	1.9854	4.7261	6.7125
0.70	438.1	0.001108	0.27285	696.88	2066.1	2763.1	1.9912	4.7155	6.7077
0.71	438.7	0.001109	0.26921	699.37	2064.2	2763.7	1.9968	4.7051	6.7029
0.72	439.2	0.001110	0.26567	701.84	2062.3	2764.3	2.0024	4.6948	6.6982
0.73	439.8	0.001110	0.26222	704.28	2060.5	2764.9	2.0079	4.6846	6.6935
0.74	440.3	0.001111	0.25886	706.70	2058.6	2765.5	2.0134	4.6746	6.6889
0.75	440.9	0.001112	0.25559	709.09	2056.8	2766.0	2.0188	4.6647	6.6844
0.76	441.4	0.001112	0.25240	711.46	2055.0	2766.6	2.0242	4.6549	6.6799
0.77	442.0	0.001113	0.24929	713.81	2053.2	2767.1	2.0294	4.6452	6.6755

Continued

TABLE AII.2 *(Continued)* Properties of Saturated Steam for Increments of Pressure

P (MPA)	T (K)	Volume (M³/KG)		Enthalpy (KJ/KG)			Entropy [KJ/(KG K)]		
		V(F)	V(G)	H(F)	H(FG)	H(G)	S(F)	S(FG)	S(G)
0.78	442.5	0.001114	0.24625	716.13	2051.4	2767.7	2.0347	4.6356	6.6711
0.79	443.0	0.001114	0.24330	718.43	2049.7	2768.2	2.0398	4.6261	6.6668
0.80	443.5	0.001115	0.24041	720.70	2047.9	2768.7	2.0449	4.6168	6.6625
0.81	444.1	0.001116	0.23759	722.96	2046.2	2769.2	2.0500	4.6075	6.6583
0.82	444.6	0.001116	0.23484	725.19	2044.5	2769.7	2.0550	4.5984	6.6541
0.83	445.1	0.001117	0.23215	727.41	2042.7	2770.2	2.0600	4.5893	6.6500
0.84	445.6	0.001117	0.22952	729.60	2041.0	2770.7	2.0649	4.5804	6.6459
0.85	446.1	0.001118	0.22696	731.78	2039.4	2771.2	2.0697	4.5715	6.6419
0.86	446.5	0.001119	0.22445	733.93	2037.7	2771.7	2.0745	4.5628	6.6379
0.87	447.0	0.001119	0.22199	736.07	2036.0	2772.1	2.0793	4.5541	6.6340
0.88	447.5	0.001120	0.21959	738.19	2034.4	2772.6	2.0840	4.5455	6.6301
0.89	448.0	0.001121	0.21725	740.29	2032.7	2773.0	2.0887	4.5370	6.6262
0.90	448.5	0.001121	0.21495	742.37	2031.1	2773.5	2.0933	4.5286	6.6224
0.91	448.9	0.001122	0.21270	744.44	2029.5	2773.9	2.0979	4.5203	6.6186
0.92	449.4	0.001122	0.21050	746.48	2027.9	2774.4	2.1024	4.5120	6.6149
0.93	449.9	0.001123	0.20834	748.52	2026.3	2774.8	2.1069	4.5039	6.6112
0.94	450.3	0.001124	0.20623	750.53	2024.7	2775.2	2.1114	4.4958	6.6075
0.95	450.8	0.001124	0.20416	752.53	2023.1	2775.6	2.1158	4.4878	6.6039
0.96	451.2	0.001125	0.20214	754.51	2021.5	2776.0	2.1201	4.4798	6.6003
0.97	451.7	0.001125	0.20015	756.48	2020.0	2776.4	2.1245	4.4720	6.5968
0.98	452.1	0.001126	0.19820	758.43	2018.4	2776.8	2.1288	4.4642	6.5933
0.99	452.5	0.001127	0.19629	760.37	2016.9	2777.2	2.1330	4.4564	6.5898
1.0	453.0	0.001127	0.19442	762.30	2015.3	2777.6	2.1373	4.4488	6.5863
1.5	471.3	0.001153	0.13176	844.20	1947.6	2791.5	2.3134	4.1322	6.4448
2.0	485.3	0.001176	0.099622	907.96	1891.3	2798.8	2.4455	3.8967	6.3409

2.5	496.8	0.001196	0.079980	961.16	1841.6	2802.4	2.5527	3.7064	6.2576
3.0	506.7	0.001215	0.066690	1007.3	1796.4	2803.5	2.6436	3.5449	6.1872
3.5	515.4	0.001234	0.057079	1048.6	1754.4	2802.9	2.7231	3.4037	6.1257
4.0	523.2	0.001251	0.049793	1086.1	1714.7	2800.9	2.7941	3.2772	6.0707
4.5	530.3	0.001268	0.044072	1120.7	1676.9	2797.9	2.8586	3.1621	6.0205
5.0	536.8	0.001285	0.039456	1153.1	1640.6	2794.0	2.9180	3.0559	5.9741
5.5	542.9	0.001302	0.035649	1183.5	1605.4	2789.4	2.9731	2.9571	5.9308
6.0	548.5	0.001318	0.032452	1212.4	1571.1	2784.1	3.0249	2.8641	5.8899
6.5	553.8	0.001334	0.029728	1240.0	1537.8	2778.2	3.0737	2.7762	5.8510
7.0	558.9	0.001351	0.027376	1266.5	1504.8	2771.8	3.1202	2.6924	5.8138
7.5	563.6	0.001368	0.025324	1292.1	1472.3	2764.9	3.1645	2.6121	5.7779
8.0	568.2	0.001384	0.023517	1316.9	1440.3	2757.6	3.2070	2.5348	5.7431
8.5	572.5	0.001401	0.021911	1340.9	1408.5	2749.7	3.2480	2.4601	5.7092
9.0	576.7	0.001419	0.020474	1364.4	1376.9	2741.4	3.2876	2.3876	5.6761
9.5	580.6	0.001436	0.019179	1387.3	1345.4	2732.7	3.3259	2.3169	5.6435
10.0	584.5	0.001454	0.018004	1409.8	1313.9	2723.5	3.3632	2.2478	5.6114
10.5	588.2	0.001473	0.016934	1431.8	1282.3	2713.8	3.3995	2.1799	5.5797
11.0	591.8	0.001491	0.015953	1453.5	1250.6	2703.7	3.4350	2.1132	5.5481
11.5	595.2	0.001511	0.015050	1474.8	1218.6	2693.1	3.4697	2.0472	5.5167
12.0	598.6	0.001531	0.014214	1495.9	1186.4	2681.9	3.5036	1.9818	5.4852
12.5	601.0	0.001546	0.013493	1511.3	1162.4	2673.3	3.5282	1.9340	5.4620
13.0	604.1	0.001567	0.012778	1531.3	1130.8	2661.7	3.5601	1.8720	5.4317
13.5	607.0	0.001588	0.012109	1551.0	1098.9	2649.6	3.5914	1.8103	5.4012
14.0	609.9	0.001611	0.011483	1570.6	1066.9	2636.9	3.6223	1.7488	5.3706
14.5	612.7	0.001634	0.010893	1590.1	1033.8	2623.7	3.6529	1.6872	5.3396

Continued

TABLE AII.2 *(Continued)* Properties of Saturated Steam for Increments of Pressure

P (MPA)	T (K)	Volume (M³/KG)		Enthalpy (KJ/KG)			Entropy [KJ/(KG K)]		
		V(F)	V(G)	H(F)	H(FG)	H(G)	S(F)	S(FG)	S(G)
15.0	615.4	0.001658	0.010336	1609.6	1000.3	2609.9	3.6834	1.6254	5.3082
15.5	618.0	0.001684	0.009808	1629.2	966.10	2595.3	3.7137	1.5631	5.2763
16.0	620.6	0.001711	0.009306	1648.9	930.94	2580.0	3.7442	1.5000	5.2437
16.5	623.0	0.001739	0.008826	1668.8	894.69	2563.8	3.7748	1.4359	5.2102
17.0	625.5	0.001770	0.008366	1689.1	857.13	2546.6	3.8059	1.3702	5.1757
17.5	627.8	0.001804	0.007922	1709.8	818.00	2528.3	3.8375	1.3027	5.1399
18.0	630.2	0.001841	0.007492	1731.2	776.96	2508.6	3.8700	1.2328	5.1026
18.5	632.4	0.001881	0.007072	1753.4	733.55	2487.4	3.9036	1.1598	5.0633
19.0	634.6	0.001927	0.006660	1776.6	687.17	2464.2	3.9388	1.0827	5.0215
19.5	636.8	0.001979	0.006250	1801.4	636.94	2438.6	3.9763	1.0001	4.9765
20.0	638.9	0.002040	0.005837	1828.2	581.52	2409.7	4.0168	0.91012	4.9272
21.0	643.0	0.002214	0.004962	1893.1	444.00	2336.2	4.1147	0.69047	4.8064
22.089	647.3	0.003155	0.003155	2098.8	0.0000	2098.8	4.4289	0.00000	4.4289

APPENDIX III

THERMODYNAMIC PROPERTY EQUATIONS FOR STEAM (SUPERHEATED)

Specific Volume V(PT)

$$V(P,T) = \frac{RT}{P} - B(1)\,EXP[-B(2)T]$$

$$+ \frac{1}{10P}\left\{B(3) - EXP\left[\sum_{N=0}^{2} A(N)T(S)^N\right]\right\} EXP\left[\frac{T(S)-T}{M}\right]$$

R = 4.61631E-4   B(3) = 2.2E-2
B(1) = 5.27993E-2   A(0) = −3.741378
B(2) = 3.75928E-3   A(1) = −4.7838281E-3
M = 4.0E1   A(2) = 1.5923434E-5

Enthalpy H(PT)

$$H(PT) = \sum_{N=0}^{2} A(N)T^N - A(3)\,EXP\left[\frac{T(S)-T}{M}\right]$$

A(0) = B(11) + B(12)P
  + B(13)P²
A(1) = B(21) + B(22)P
  + B(23)P²

A(2) = B(31) + B(32)P
  + B(33)P²
A(3) = B(41) + B(42)T(S)
  + B(43)T(S)²
  + B(44)T(S)³
  + B(45)T(S)⁴

B(11) = 2.04121E3
B(12) = −4.040021E1
B(13) = −4.8095E-1

B(21) = 1.610693
B(22) = 5.472051E-2
B(23) = 7.517537E-4

B(31) = 3.383117E-4
B(32) = −1.975736E-5
B(33) = −2.87409E-7
B(41) = 1.70782E3

B(42) = −1.699419E1
B(43) = 6.2746295E-2
B(44) = −1.0284259E-4
B(45) = 6.4561298E-8

M = 4.5E1

Entropy S(PT)

$$S(PT) = \sum_{N=0}^{4} A(N)T^N + B(1) \text{LOG}[10\ P + B(2)] - \sum_{N=0}^{4} C(N)T(S)^N \left\{ \text{EXP}\left[\frac{T(S) - T}{M}\right] \right\}$$

A(0) = 4.6162961
A(1) = 1.039008E-2
A(2) = −9.873085E-6
A(3) = 5.43411E-9
A(4) = −1.170465E-12
B(1) = −4.650306E-1

B(2) = 1.0E-3
C(0) = 1.777804
C(1) = −1.802468E-2
C(2) = 6.854459E-5
C(3) = −1.184424E-7
C(4) = 8.142201E-11

M = 8.5E1

APPENDIX IV

THERMODYNAMIC PROPERTY TABLES FOR STEAM (SUPERHEATED)

TABLE AIV.1 Properties of Superheated Steam

P (MPA) (T(S)(K))		Temperature (K)							
		300	310	320	330	340	350	360	370
0.0010 (280.12)	V (M³/KG) H (KJ/KG) S [KJ/(KG K)]	138.49 2549.6 9.0750	143.10 2568.8 9.1329	147.71 2587.9 9.1898	152.33 2606.9 9.2455	156.94 2625.8 9.3001	161.56 2644.6 9.3536	166.17 2663.5 9.4062	170.79 2682.3 9.4577
0.0015 (286.14)	V (M³/KG) H (KJ/KG) S [KJ/(KG K)]	92.300 2550.4 8.9020	95.380 2569.4 8.9598	98.460 2588.4 9.0165	101.53 2607.2 9.0721	104.61 2626.1 9.1266	107.69 2644.9 9.1801	110.77 2663.7 9.2325	113.85 2682.5 9.2840
0.0020 (290.6)	V (M³/KG) H (KJ/KG) S [KJ/(KG K)]	69.202 2550.9 8.7763	71.516 2569.8 8.8341	73.830 2588.7 8.8907	76.142 2607.5 8.9462	78.453 2626.3 9.0007	80.764 2645.0 9.0541	83.074 2663.8 9.1065	85.384 2682.6 9.1579
0.0030 (297.17)	V (M³/KG) H (KJ/KG) S [KJ/(KG K)]	46.104 2551.6 8.5961	47.653 2570.4 8.6537	49.199 2589.1 8.7103	50.744 2607.8 8.7657	52.288 2626.5 8.8201	53.830 2645.2 8.8735	55.372 2663.9 8.9258	56.914 2682.7 8.9771
0.0040 (302.05)	V (M³/KG) H (KJ/KG) S [KJ/(KG K)]		35.721 2570.6 8.5241	36.884 2589.3 8.5806	38.045 2608.0 8.6360	39.205 2626.7 8.6903	40.364 2645.3 8.7437	41.522 2664.0 8.7960	42.679 2682.8 8.8473
0.0050 (305.97)	V (M³/KG) H (KJ/KG) S [KJ/(KG K)]		28.562 2570.8 8.4227	29.495 2589.4 8.4792	30.426 2608.1 8.5346	31.356 2626.7 8.5889	32.284 2645.4 8.6422	33.211 2664.1 8.6945	34.138 2682.8 8.7458
0.010 (318.92)	V (M³/KG) H (KJ/KG) S [KJ/(KG K)]			14.716 2589.1 8.1606	15.187 2607.8 8.2161	15.656 2626.5 8.2705	16.124 2645.2 8.3239	16.590 2663.9 8.3763	17.055 2682.6 8.4277

P (MPa) ($T(S)/K$)		\multicolumn{8}{c}{Temperature (K)}							
		380	390	400	410	420	430	440	450
0.0010 (280.12)	V (M³/KG)	175.41	180.02	184.64	189.25	193.87	198.49	203.10	207.72
	H (KJ/KG)	2701.2	2720.1	2739.0	2757.9	2776.9	2796.0	2815.1	2834.3
	S [KJ/(KG K)]	9.5082	9.5577	9.6063	9.6540	9.7009	9.7468	9.7919	9.8362
0.0015 (286.14)	V (M³/KG)	116.93	120.01	123.08	126.16	129.24	132.32	135.40	138.47
	H (KJ/KG)	2701.3	2720.2	2739.1	2758.0	2777.0	2796.0	2815.1	2834.3
	S [KJ/(KG K)]	9.3344	9.3839	9.4325	9.4801	9.5269	9.5728	9.6179	9.6622
0.0020 (290.6)	V (M³/KG)	87.693	90.003	92.312	94.621	96.930	99.239	101.54	103.85
	H (KJ/KG)	2701.4	2720.2	2739.1	2758.0	2777.0	2796.1	2815.1	2834.3
	S [KJ/(KG K)]	9.2083	9.2577	9.3063	9.3539	9.4007	9.4465	9.4916	9.5358
0.0030 (297.17)	V (M³/KG)	58.455	59.995	61.535	63.075	64.615	66.155	67.694	69.233
	H (KJ/KG)	2701.5	2720.3	2739.2	2758.1	2777.0	2796.1	2815.2	2834.3
	S [KJ/(KG K)]	9.0275	9.0769	9.1254	9.1730	9.2197	9.2656	9.3107	9.3549
0.0040 (302.05)	V (M³/KG)	43.835	44.991	46.147	47.302	48.457	49.612	50.767	51.922
	H (KJ/KG)	2701.5	2720.3	2739.2	2758.1	2777.1	2796.1	2815.2	2834.3
	S [KJ/(KG K)]	8.8976	8.9470	8.9955	9.0431	9.0898	9.1357	9.1807	9.2249
0.0050 (305.97)	V (M³/KG)	35.063	35.989	36.914	37.838	38.763	39.687	40.611	41.535
	H (KJ/KG)	2701.5	2720.3	2739.2	2758.1	2777.0	2796.1	2815.1	2834.3
	S [KJ/(KG K)]	8.7962	8.8456	8.8941	8.9417	8.9884	9.0342	9.0792	9.1234
0.010 (318.92)	V (M³/KG)	17.520	17.984	18.448	18.911	19.374	19.837	20.299	20.762
	H (KJ/KG)	2701.4	2720.2	2739.0	2758.0	2776.9	2795.9	2815.0	2834.2
	S [KJ/(KG K)]	8.4780	8.5275	8.5760	8.6236	8.6704	8.7163	8.7613	8.8055

Continued

TABLE AIV.1 *(Continued)* Properties of Superheated Steam

P (MPa) ($T(S)(K)$)		460	470	480	490	Temperature (K) 500	510	520	530
0.0010 (280.12)	V (M³/KG) H (KJ/KG) S [KJ/(KG K)]	212.34 2853.5 9.8796	216.95 2872.8 9.9223	221.57 2892.1 9.9643	226.19 2911.5 10.005	230.80 2931.0 10.046	235.42 2950.5 10.085	240.04 2970.1 10.124	244.65 2989.8 10.163
0.0015 (286.14)	V (M³/KG) H (KJ/KG) S [KJ/(KG K)]	141.55 2853.5 9.7056	144.63 2872.8 9.7483	147.71 2892.1 9.7902	150.79 2911.5 9.8314	153.86 2931.0 9.8718	156.94 2950.5 9.9116	160.02 2970.1 9.9507	163.10 2989.8 9.9891
0.0020 (290.6)	V (M³/KG) H (KJ/KG) S [KJ/(KG K)]	106.16 2853.5 9.5793	108.47 2872.8 9.6219	110.78 2892.1 9.6638	113.09 2911.5 9.7050	115.39 2931.0 9.7454	117.70 2950.5 9.7852	120.01 2970.1 9.8243	122.32 2989.8 9.8627
0.0030 (297.17)	V (M³/KG) H (KJ/KG) S [KJ/(KG K)]	70.773 2853.5 9.3983	72.312 2872.8 9.4409	73.851 2892.1 9.4828	75.391 2911.5 9.5240	76.930 2931.0 9.5644	78.469 2950.5 9.6042	80.008 2970.1 9.6432	81.547 2989.8 9.6816
0.0040 (302.05)	V (M³/KG) H (KJ/KG) S [KJ/(KG K)]	53.077 2853.5 9.2683	54.231 2872.8 9.3110	55.386 2892.1 9.3529	56.541 2911.5 9.3940	57.695 2931.0 9.4344	58.849 2950.5 9.4742	60.004 2970.1 9.5132	61.158 2989.8 9.5516
0.0050 (305.97)	V (M³/KG) H (KJ/KG) S [KJ/(KG K)]	42.459 2853.5 9.1668	43.383 2872.8 9.2095	44.307 2892.1 9.2514	45.231 2911.5 9.2925	46.154 2931.0 9.3330	47.078 2950.5 9.3727	48.001 2970.1 9.4117	48.925 2989.8 9.4502
0.010 (318.92)	V (M³/KG) H (KJ/KG) S [KJ/(KG K)]	21.224 2853.4 8.8490	21.686 2872.7 8.8916	22.148 2892.0 8.9335	22.610 2911.4 8.9747	23.073 2930.9 9.0151	23.535 2950.4 9.0548	23.997 2970.0 9.0939	24.459 2989.7 9.1323

P (MPA) (T(S)(K))		Temperature (K)							
		540	550	560	570	580	590	600	610
0.0010 (280.12)	V (M³/KG) H (KJ/KG) S [KJ/(KG K)]	249.27 3009.5 10.201	253.89 3029.3 10.238	258.50 3049.2 10.274	263.12 3069.1 10.310	267.74 3089.1 10.346	272.35 3109.2 10.380	276.97 3129.3 10.415	281.58 3149.5 10.448
0.0015 (286.14)	V (M³/KG) H (KJ/KG) S [KJ/(KG K)]	166.18 3009.5 10.026	169.25 3029.3 10.064	172.33 3049.2 10.100	175.41 3069.1 10.136	178.49 3089.1 10.171	181.56 3109.2 10.206	184.64 3129.3 10.241	187.72 3149.5 10.274
0.0020 (290.6)	V (M³/KG) H (KJ/KG) S [KJ/(KG K)]	124.63 3009.5 9.9004	126.94 3029.3 9.9376	129.25 3049.2 9.9741	131.55 3069.1 10.010	133.86 3089.1 10.045	136.17 3109.2 10.080	138.48 3129.3 10.114	140.79 3149.5 10.148
0.0030 (297.17)	V (M³/KG) H (KJ/KG) S [KJ/(KG K)]	83.086 3009.5 9.7194	84.625 3029.3 9.7565	86.164 3049.2 9.7931	87.703 3069.1 9.8290	89.242 3089.1 9.8644	90.781 3109.2 9.8992	92.320 3129.3 9.9334	93.859 3149.5 9.9672
0.0040 (302.05)	V (M³/KG) H (KJ/KG) S [KJ/(KG K)]	62.313 3009.5 9.5894	63.467 3029.3 9.6265	64.621 3049.2 9.6630	65.776 3069.1 9.6990	66.930 3089.1 9.7343	68.084 3109.2 9.7692	69.239 3129.3 9.8034	70.393 3149.5 9.8372
0.0050 (305.97)	V (M³/KG) H (KJ/KG) S [KJ/(KG K)]	49.849 3009.5 9.4879	50.772 3029.3 9.5250	51.696 3049.2 9.5616	52.619 3069.1 9.5975	53.543 3089.1 9.6329	54.466 3109.2 9.6677	55.390 3129.3 9.7019	56.313 3149.5 9.7357
0.010 (318.92)	V (M³/KG) H (KJ/KG) S [KJ/(KG K)]	24.920 3009.4 9.1701	25.382 3029.2 9.2072	25.844 3049.1 9.2438	26.306 3069.0 9.2797	26.768 3089.0 9.3151	27.230 3109.1 9.3499	27.692 3129.2 9.3842	28.154 3149.4 9.4179

Continued

TABLE AIV.1 *(Continued)* Properties of Superheated Steam

P (MPA) (T(S)(K))		Temperature (K)							
		620	630	640	650	660	670	680	690
0.0010 (280.12)	V (M³/KG) H (KJ/KG) S [KJ/(KG K)]	286.20 3169.8 10.482	290.82 3190.2 10.514	295.43 3210.6 10.547	300.05 3231.0 10.579	304.67 3251.6 10.610	309.28 3272.2 10.641	313.90 3292.9 10.671	318.52 3313.6 10.701
0.0015 (286.14)	V (M³/KG) H (KJ/KG) S [KJ/(KG K)]	190.80 3169.8 10.307	193.88 3190.1 10.340	196.95 3210.6 10.373	200.03 3231.0 10.404	203.11 3251.6 10.436	206.19 3272.2 10.467	209.26 3292.8 10.497	212.34 3313.6 10.527
0.0020 (290.6)	V (M³/KG) H (KJ/KG) S [KJ/(KG K)]	143.10 3169.8 10.181	145.40 3190.1 10.214	147.71 3210.5 10.246	150.02 3231.0 10.278	152.33 3251.6 10.309	154.64 3272.2 10.340	156.95 3292.8 10.371	159.25 3313.6 10.401
0.0030 (297.17)	V (M³/KG) H (KJ/KG) S [KJ/(KG K)]	95.398 3169.8 10.000	96.937 3190.1 10.033	98.476 3210.5 10.065	100.01 3231.0 10.097	101.55 3251.5 10.128	103.09 3272.2 10.159	104.63 3292.8 10.190	106.17 3313.6 10.220
0.0040 (302.05)	V (M³/KG) H (KJ/KG) S [KJ/(KG K)]	71.547 3169.8 9.8704	72.701 3190.1 9.9031	73.856 3210.5 9.9354	75.010 3231.0 9.9672	76.164 3251.5 9.9986	77.318 3272.1 10.029	78.473 3292.8 10.060	79.627 3313.6 10.090
0.0050 (305.97)	V (M³/KG) H (KJ/KG) S [KJ/(KG K)]	57.237 3169.8 9.7689	58.160 3190.1 9.8017	59.084 3210.5 9.8339	60.007 3231.0 9.8657	60.930 3251.5 9.8971	61.854 3272.1 9.9280	62.777 3292.8 9.9585	63.701 3313.5 9.9886
0.010 (318.92)	V (M³/KG) H (KJ/KG) S [KJ/(KG K)]	28.615 3169.7 9.4511	29.077 3190.0 9.4839	29.539 3210.4 9.5161	30.001 3230.9 9.5479	30.463 3251.5 9.5793	30.925 3272.1 9.6102	31.386 3292.7 9.6407	31.848 3313.5 9.6708

		Temperature (K)							
P (MPA) (T(S)/(K))		700	710	720	730	740	750	760	770
0.0010 (280.12)	V (M³/KG)	323.13	327.75	332.37	336.98	341.60	346.22	350.83	355.45
	H (KJ/KG)	3334.4	3355.3	3376.2	3397.2	3418.3	3439.3	3460.7	3482.0
	S [KJ/(KG K)]	10.731	10.760	10.789	10.818	10.846	10.874	10.902	10.929
0.0015 (286.14)	V (M³/KG)	215.42	218.50	221.57	224.65	227.73	230.81	233.89	236.96
	H (KJ/KG)	3334.4	3355.3	3376.2	3397.2	3418.3	3439.5	3460.7	3482.0
	S [KJ/(KG K)]	10.557	10.586	10.615	10.644	10.672	10.700	10.727	10.755
0.0020 (290.6)	V (M³/KG)	161.56	163.87	166.18	168.49	170.80	173.10	175.41	177.72
	H (KJ/KG)	3334.4	3355.3	3376.2	3397.2	3418.3	3439.5	3460.7	3482.0
	S [KJ/(KG K)]	10.430	10.460	10.489	10.517	10.546	10.573	10.601	10.628
0.0030 (297.17)	V (M³/KG)	107.71	109.24	110.78	112.32	113.86	115.40	116.94	118.48
	H (KJ/KG)	3334.4	3355.3	3376.2	3397.2	3418.3	3439.4	3460.7	3481.9
	S [KJ/(KG K)]	10.249	10.279	10.308	10.336	10.364	10.392	10.420	10.447
0.0040 (302.05)	V (M³/KG)	80.781	81.935	83.090	84.244	85.398	86.552	87.706	88.861
	H (KJ/KG)	3334.4	3355.2	3376.2	3397.2	3418.3	3439.4	3460.7	3481.9
	S [KJ/(KG K)]	10.119	10.149	10.178	10.206	10.234	10.262	10.290	10.317
0.0050 (305.97)	V (M³/KG)	64.624	65.547	66.471	67.394	68.318	69.241	70.164	71.088
	H (KJ/KG)	3334.4	3355.2	3376.2	3397.2	3418.3	3439.4	3460.6	3481.9
	S [KJ/(KG K)]	10.018	10.047	10.076	10.105	10.133	10.161	10.188	10.216
0.010 (318.92)	V (M³/KG)	32.310	32.772	33.233	33.695	34.157	34.619	35.080	35.542
	H (KJ/KG)	3334.3	3355.2	3376.1	3397.1	3418.2	3439.4	3460.6	3481.9
	S [KJ/(KG K)]	9.7005	9.7298	9.7588	9.7873	9.8156	9.8435	9.8711	9.8984

Continued

TABLE AIV.1 *(Continued)* Properties of Superheated Steam

P (MPA) (T(S)(K))		Temperature (K)							
		780	790	800	810	820	830	840	850
0.0010 (280.12)	V (M³/KG)	360.06	364.68	369.30	373.91	378.53	383.15	387.76	392.38
	H (KJ/KG)	3503.3	3524.7	3546.2	3567.8	3589.4	3611.1	3632.8	3654.7
	S [KJ/(KG K)]	10.956	10.983	11.009	11.035	11.061	11.087	11.112	11.138
0.0015 (286.14)	V (M³/KG)	240.04	243.12	246.20	249.27	252.35	255.43	258.51	261.58
	H (KJ/KG)	3503.3	3524.7	3546.2	3567.8	3589.4	3611.1	3632.8	3654.7
	S [KJ/(KG K)]	10.782	10.808	10.835	10.861	10.887	10.913	10.938	10.963
0.0020 (290.6)	V (M³/KG)	180.03	182.34	184.64	186.95	189.26	191.57	193.88	196.19
	H (KJ/KG)	3503.3	3524.7	3546.2	3567.8	3589.4	3611.1	3632.8	3654.7
	S [KJ/(KG K)]	10.655	10.682	10.708	10.735	10.761	10.786	10.812	10.837
0.0030 (297.17)	V (M³/KG)	120.02	121.56	123.09	124.63	126.17	127.71	129.25	130.79
	H (KJ/KG)	3503.3	3524.7	3546.2	3567.8	3589.4	3611.1	3632.8	3654.7
	S [KJ/(KG K)]	10.474	10.501	10.527	10.554	10.579	10.605	10.631	10.656
0.0040 (302.05)	V (M³/KG)	90.015	91.169	92.323	93.477	94.631	95.786	96.940	98.094
	H (KJ/KG)	3503.3	3524.7	3546.2	3567.8	3589.4	3611.1	3632.8	3654.6
	S [KJ/(KG K)]	10.344	10.371	10.397	10.423	10.449	10.475	10.500	10.526
0.0050 (305.97)	V (M³/KG)	72.011	72.934	73.858	74.781	75.705	76.628	77.551	78.475
	H (KJ/KG)	3503.3	3524.7	3546.2	3567.7	3589.4	3611.1	3632.8	3654.6
	S [KJ/(KG K)]	10.243	10.269	10.296	10.322	10.348	10.374	10.399	10.424
0.010 (318.92)	V (M³/KG)	36.004	36.466	36.927	37.389	37.851	38.313	38.774	39.236
	H (KJ/KG)	3503.2	3524.7	3546.1	3567.7	3589.3	3611.0	3632.8	3654.6
	S [KJ/(KG K)]	9.9254	9.9521	9.9785	10.004	10.030	10.056	10.081	10.106

P (MPA) (T(S)(K))		860	870	880	890	900	910	920	930
0.0010 (280.12)	V (M³/KG) H (KJ/KG) S [KJ/(KG K)]	397.00 3676.6 11.162	401.61 3698.5 11.187	406.23 3720.6 11.212	410.84 3742.6 11.236	415.46 3764.8 11.260	420.08 3787.0 11.284	424.69 3809.3 11.308	429.31 3831.7 11.332
0.0015 (286.14)	V (M³/KG) H (KJ/KG) S [KJ/(KG K)]	264.66 3676.6 10.988	267.74 3698.5 11.013	270.82 3720.5 11.038	273.89 3742.6 11.062	276.97 3764.8 11.086	280.05 3787.0 11.110	283.13 3809.3 11.134	286.20 3831.7 11.158
0.0020 (290.6)	V (M³/KG) H (KJ/KG) S [KJ/(KG K)]	198.49 3676.6 10.862	200.80 3698.5 10.887	203.11 3720.5 10.911	205.42 3742.6 10.936	207.73 3764.8 10.960	210.04 3787.0 10.984	212.34 3809.3 11.008	214.65 3831.7 11.031
0.0030 (297.17)	V (M³/KG) H (KJ/KG) S [KJ/(KG K)]	132.33 3676.5 10.681	133.87 3698.5 10.705	135.40 3720.5 10.730	136.94 3742.6 10.754	138.48 3764.8 10.779	140.02 3787.0 10.803	141.56 3809.3 10.826	143.10 3831.7 10.850
0.0040 (302.05)	V (M³/KG) H (KJ/KG) S [KJ/(KG K)]	99.248 3676.5 10.551	100.40 3698.5 10.575	101.55 3720.5 10.600	102.71 3742.6 10.624	103.86 3764.8 10.649	105.01 3787.0 10.673	106.17 3809.3 10.696	107.32 3831.7 10.720
0.0050 (305.97)	V (M³/KG) H (KJ/KG) S [KJ/(KG K)]	79.398 3676.5 10.449	80.321 3698.5 10.474	81.245 3720.5 10.499	82.168 3742.6 10.523	83.091 3764.8 10.547	84.015 3787.0 10.571	84.938 3809.3 10.595	85.861 3831.7 10.619
0.010 (318.92)	V (M³/KG) H (KJ/KG) S [KJ/(KG K)]	39.698 3676.5 10.131	40.159 3698.5 10.156	40.621 3720.5 10.181	41.083 3742.6 10.205	41.545 3764.7 10.229	42.006 3787.0 10.253	42.468 3809.3 10.277	42.930 3831.6 10.301

Temperature (K)

Continued

TABLE AIV.1 (Continued) *Properties of Superheated Steam*

P (MPA) (T(S)(K))		_____ Temperature (K) _____								
		940	950	960	970	980	990	1000	1010
0.0010 (280.12)	V (M³/KG) H (KJ/KG) S [KJ/(KG K)]	433.93 3854.1 11.355	438.54 3876.6 11.379	443.16 3899.2 11.402	447.78 3921.8 11.425	452.39 3944.5 11.448	457.01 3967.3 11.471	461.62 3990.2 11.494	466.24 4013.1 11.516
0.0015 (286.14)	V (M³/KG) H (KJ/KG) S [KJ/(KG K)]	289.28 3854.1 11.181	292.36 3876.6 11.205	295.44 3899.2 11.228	298.52 3921.8 11.251	301.59 3944.5 11.274	304.67 3967.3 11.297	307.75 3990.2 11.319	310.83 4013.1 11.342
0.0020 (290.6)	V (M³/KG) H (KJ/KG) S [KJ/(KG K)]	216.96 3854.1 11.055	219.27 3876.6 11.078	221.58 3899.2 11.101	223.88 3921.8 11.124	226.19 3944.5 11.147	228.50 3967.3 11.170	230.81 3990.2 11.193	233.12 4013.1 11.216
0.0030 (297.17)	V (M³/KG) H (KJ/KG) S [KJ/(KG K)]	144.64 3854.1 10.874	146.18 3876.6 10.897	147.72 3899.2 10.920	149.25 3921.8 10.943	150.79 3944.5 10.966	152.33 3967.3 10.989	153.87 3990.1 11.012	155.41 4013.1 11.034
0.0040 (302.05)	V (M³/KG) H (KJ/KG) S [KJ/(KG K)]	108.48 3854.1 10.744	109.63 3876.6 10.767	110.79 3899.2 10.790	111.94 3921.8 10.813	113.09 3944.5 10.836	114.25 3967.3 10.859	115.40 3990.1 10.882	116.56 4013.1 10.904
0.0050 (305.97)	V (M³/KG) H (KJ/KG) S [KJ/(KG K)]	86.785 3854.1 10.642	87.708 3876.6 10.666	88.631 3899.2 10.689	89.555 3921.8 10.712	90.478 3944.5 10.735	91.401 3967.3 10.758	92.324 3990.1 10.780	93.248 4013.0 10.803
0.010 (318.92)	V (M³/KG) H (KJ/KG) S [KJ/(KG K)]	43.391 3854.1 10.324	43.853 3876.6 10.348	44.315 3899.2 10.371	44.776 3921.8 10.394	45.238 3944.5 10.417	45.700 3967.3 10.440	46.161 3990.1 10.463	46.623 4013.0 10.485

P (MPA) (T(S)(K))		Temperature (K)								
		1020	1030	1040	1050	1060	1070	1080	1090
0.0010 (280.12)	V (M³/KG) H (KJ/KG) S [KJ/(KG K)]	470.86 4036.0 11.539	475.47 4059.1 11.561	480.09 4082.2 11.583	484.71 4105.4 11.605	489.32 4128.6 11.628	493.94 4151.9 11.649	498.56 4175.3 11.671	503.17 4198.8 11.693
0.0015 (286.14)	V (M³/KG) H (KJ/KG) S [KJ/(KG K)]	313.90 4036.0 11.364	316.98 4059.1 11.387	320.06 4082.2 11.409	323.14 4105.4 11.431	326.21 4128.6 11.453	329.29 4151.9 11.475	332.37 4175.3 11.497	335.45 4198.8 11.519
0.0020 (290.6)	V (M³/KG) H (KJ/KG) S [KJ/(KG K)]	235.43 4036.0 11.238	237.73 4059.1 11.260	240.04 4082.2 11.283	242.35 4105.4 11.305	244.66 4128.6 11.327	246.97 4151.9 11.349	249.27 4175.3 11.371	251.58 4198.8 11.392
0.0030 (297.17)	V (M³/KG) H (KJ/KG) S [KJ/(KG K)]	156.95 4036.0 11.057	158.49 4059.1 11.079	160.03 4082.2 11.102	161.56 4105.4 11.124	163.10 4128.6 11.146	164.64 4151.9 11.168	166.18 4175.3 11.190	167.72 4198.8 11.211
0.0040 (302.05)	V (M³/KG) H (KJ/KG) S [KJ/(KG K)]	117.71 4036.0 10.927	118.86 4059.1 10.949	120.02 4082.2 10.972	121.17 4105.4 10.994	122.33 4128.6 11.016	123.48 4151.9 11.038	124.63 4175.3 11.060	125.79 4198.7 11.081
0.0050 (305.97)	V (M³/KG) H (KJ/KG) S [KJ/(KG K)]	94.171 4036.0 10.825	95.094 4059.1 10.848	96.018 4082.2 10.870	96.941 4105.4 10.892	97.864 4128.6 10.914	98.788 4151.9 10.936	99.711 4175.3 10.958	100.63 4198.7 10.980
0.010 (318.92)	V (M³/KG) H (KJ/KG) S [KJ/(KG K)]	47.085 4036.0 10.508	47.546 4059.0 10.530	48.008 4082.2 10.552	48.470 4105.3 10.574	48.931 4128.6 10.596	49.393 4151.9 10.618	49.855 4175.3 10.640	50.316 4198.7 10.662

Continued

TABLE AIV.1 *(Continued)* Properties of Superheated Steam

P (MPA) (T(S)(K))		Temperature (K)							
		350	360	370	380	390	400	410	420
0.015 (327.1)	V (M³/KG)	10.737	11.049	11.361	11.672	11.982	12.292	12.602	12.911
	H (KJ/KG)	2644.6	2663.4	2682.2	2701.0	2719.9	2738.8	2757.7	2776.7
	S [KJ/(KG K)]	8.1358	8.1883	8.2397	8.2903	8.3398	8.3884	8.4361	8.4829
0.020 (333.21)	V (M³/KG)	8.0436	8.2796	8.5144	8.7485	8.9820	9.2149	9.4475	9.6797
	H (KJ/KG)	2643.8	2662.7	2681.7	2700.6	2719.5	2738.5	2757.4	2776.5
	S [KJ/(KG K)]	8.0015	8.0541	8.1057	8.1563	8.2060	8.2546	8.3024	8.3493
0.030 (342.28)	V (M³/KG)	5.3498	5.5090	5.6671	5.8244	5.9810	6.1371	6.2928	6.4481
	H (KJ/KG)	2642.0	2661.2	2680.4	2699.5	2718.6	2737.7	2756.8	2775.9
	S [KJ/(KG K)]	7.8109	7.8638	7.9157	7.9665	8.0164	8.0653	8.1132	8.1603
0.040 (349.06)	V (M³/KG)	4.0025	4.1234	4.2432	4.3622	4.4804	4.5981	4.7153	4.8323
	H (KJ/KG)	2639.9	2659.5	2679.0	2698.3	2717.6	2736.9	2756.1	2775.3
	S [KJ/(KG K)]	7.6745	7.7278	7.7799	7.8311	7.8812	7.9302	7.9784	8.0256
0.050 (354.54)	V (M³/KG)		3.2920	3.3888	3.4847	3.5799	3.6746	3.7688	3.8627
	H (KJ/KG)		2657.6	2677.4	2697.1	2716.6	2736.0	2755.4	2774.7
	S [KJ/(KG K)]		7.6216	7.6740	7.7254	7.7757	7.8250	7.8733	7.9207
0.075 (365.01)	V (M³/KG)			2.2492	2.3145	2.3791	2.4432	2.5067	2.5699
	H (KJ/KG)			2673.2	2693.6	2713.7	2733.6	2753.3	2773.0
	S [KJ/(KG K)]			7.4798	7.5318	7.5827	7.6326	7.6814	7.7291
0.101325 (373.24)	V (M³/KG)				1.7062	1.7549	1.8031	1.8507	1.8980
	H (KJ/KG)				2689.6	2710.4	2730.8	2751.0	2771.0
	S [KJ/(KG K)]				7.3865	7.4380	7.4884	7.5377	7.5859

		Temperature (K)							
P (MPA) (T(S)(K))		430	440	450	460	470	480	490	500
0.015 (327.1)	V (M³/KG) H (KJ/KG) S [KJ/(KG K)]	13.220 2795.8 8.5288	13.528 2814.9 8.5739	13.837 2834.0 8.6182	14.146 2853.3 8.6616	14.454 2872.5 8.7043	14.762 2891.9 8.7462	15.070 2911.3 8.7874	15.379 2930.8 8.8279
0.020 (333.21)	V (M³/KG) H (KJ/KG) S [KJ/(KG K)]	9.9117 2795.6 8.3953	10.143 2814.7 8.4404	10.375 2833.9 8.4847	10.606 2853.1 8.5283	10.838 2872.4 8.5710	11.069 2891.8 8.6129	11.300 2911.2 8.6542	11.532 2930.7 8.6947
0.030 (342.28)	V (M³/KG) H (KJ/KG) S [KJ/(KG K)]	6.6032 2795.1 8.2064	6.7582 2814.3 8.2517	6.9129 2833.5 8.2961	7.0675 2852.8 8.3397	7.2221 2872.1 8.3825	7.3765 2891.5 8.4246	7.5309 2910.9 8.4658	7.6852 2930.4 8.5064
0.040 (349.06)	V (M³/KG) H (KJ/KG) S [KJ/(KG K)]	4.9489 2794.6 8.0718	5.0654 2813.8 8.1172	5.1817 2833.1 8.1618	5.2979 2852.4 8.2055	5.4140 2871.8 8.2484	5.5300 2891.2 8.2905	5.6459 2910.6 8.3319	5.7618 2930.2 8.3725
0.050 (354.54)	V (M³/KG) H (KJ/KG) S [KJ/(KG K)]	3.9564 2794.0 7.9671	4.0498 2813.3 8.0127	4.1430 2832.7 8.0573	4.2361 2852.0 8.1011	4.3291 2871.4 8.1441	4.4220 2890.9 8.1863	4.5149 2910.4 8.2278	4.6077 2929.9 8.2684
0.075 (365.01)	V (M³/KG) H (KJ/KG) S [KJ/(KG K)]	2.6328 2792.5 7.7759	2.6955 2812.1 7.8218	2.7580 2831.6 7.8667	2.8203 2851.1 7.9108	2.8826 2870.6 7.9540	2.9447 2890.1 7.9964	3.0068 2909.7 8.0381	3.0689 2929.3 8.0789
0.101325 (373.24)	V (M³/KG) H (KJ/KG) S [KJ/(KG K)]	1.9450 2790.9 7.6331	1.9917 2810.6 7.6793	2.0383 2830.3 7.7245	2.0846 2850.0 7.7689	2.1309 2869.6 7.8123	2.1771 2889.2 7.8550	2.2232 2908.9 7.8968	2.2693 2928.6 7.9378

Continued

TABLE AIV.1 *(Continued)* Properties of Superheated Steam

P (MPA) $(T(S)/K)$		Temperature (K)							
		510	520	530	540	550	560	570	580
0.015 (327.1)	V (M³/KG) H (KJ/KG) S [KJ/(KG K)]	15.687 2950.3 8.8677	15.995 2969.9 8.9067	16.303 2989.6 8.9452	16.611 3009.3 8.9830	16.919 3029.1 9.0201	17.227 3049.0 9.0567	17.535 3068.9 9.0926	17.843 3088.9 9.1280
0.020 (333.21)	V (M³/KG) H (KJ/KG) S [KJ/(KG K)]	11.763 2950.2 8.7345	11.994 2969.8 8.7736	12.225 2989.5 8.8120	12.456 3009.2 8.8498	12.688 3029.0 8.8870	12.919 3048.9 8.9235	13.150 3068.8 8.9595	13.381 3088.9 8.9949
0.030 (342.28)	V (M³/KG) H (KJ/KG) S [KJ/(KG K)]	7.8395 2950.0 8.5462	7.9938 2969.6 8.5854	8.1480 2989.3 8.6239	8.3022 3009.0 8.6617	8.4564 3028.8 8.6989	8.6105 3048.7 8.7355	8.7647 3068.7 8.7715	8.9188 3088.7 8.8069
0.040 (349.06)	V (M³/KG) H (KJ/KG) S [KJ/(KG K)]	5.8776 2949.7 8.4124	5.9934 2969.4 8.4516	6.1091 2989.1 8.4901	6.2248 3008.8 8.5280	6.3406 3028.7 8.5652	6.4562 3048.6 8.6019	6.5719 3068.5 8.6379	6.6876 3088.5 8.6733
0.050 (354.54)	V (M³/KG) H (KJ/KG) S [KJ/(KG K)]	4.7004 2949.5 8.3084	4.7931 2969.2 8.3477	4.8858 2988.9 8.3862	4.9784 3008.6 8.4242	5.0711 3028.5 8.4614	5.1637 3048.4 8.4981	5.2563 3068.3 8.5341	5.3488 3088.4 8.5696
0.075 (365.01)	V (M³/KG) H (KJ/KG) S [KJ/(KG K)]	3.1308 2948.9 8.1190	3.1928 2968.6 8.1584	3.2547 2988.3 8.1971	3.3165 3008.1 8.2351	3.3784 3028.0 8.2725	3.4402 3047.9 8.3092	3.5021 3067.9 8.3453	3.5639 3087.9 8.3808
0.101325 (373.24)	V (M³/KG) H (KJ/KG) S [KJ/(KG K)]	2.3152 2948.3 7.9780	2.3612 2968.0 8.0176	2.4071 2987.8 8.0564	2.4530 3007.6 8.0945	2.4989 3027.5 8.1320	2.5447 3047.4 8.1688	2.5905 3067.4 8.2050	2.6364 3087.5 8.2405

P (MPA) (T(S)/(K))		Temperature (K)							
		590	600	610	620	630	640	650	660
0.015 (327.1)	V (M³/KG)	18.151	18.459	18.767	19.075	19.383	19.691	19.999	20.307
	H (KJ/KG)	3109.0	3129.1	3149.3	3169.6	3190.0	3210.4	3230.8	3251.4
	S [KJ/(KG K)]	9.1628	9.1971	9.2308	9.2641	9.2968	9.3291	9.3609	9.3922
0.020 (333.21)	V (M³/KG)	13.612	13.843	14.074	14.305	14.536	14.767	14.998	15.229
	H (KJ/KG)	3108.9	3129.1	3149.3	3169.6	3189.9	3210.3	3230.8	3251.3
	S [KJ/(KG K)]	9.0297	9.0640	9.0978	9.1310	9.1638	9.1960	9.2279	9.2592
0.030 (342.28)	V (M³/KG)	9.0729	9.2270	9.3811	9.5352	9.6892	9.8433	9.9974	10.151
	H (KJ/KG)	3108.8	3128.9	3149.1	3169.4	3189.8	3210.2	3230.6	3251.2
	S [KJ/(KG K)]	8.8418	8.8761	8.9098	8.9431	8.9759	9.0082	9.0400	9.0713
0.040 (349.06)	V (M³/KG)	6.8032	6.9188	7.0345	7.1501	7.2657	7.3813	7.4969	7.6124
	H (KJ/KG)	3108.6	3128.8	3149.0	3169.3	3189.6	3210.0	3230.5	3251.1
	S [KJ/(KG K)]	8.7082	8.7425	8.7763	8.8096	8.8424	8.8747	8.9065	8.9379
0.050 (354.54)	V (M³/KG)	5.4414	5.5339	5.6265	5.7190	5.8115	5.9041	5.9966	6.0891
	H (KJ/KG)	3108.4	3128.6	3148.8	3169.1	3189.5	3209.9	3230.4	3250.9
	S [KJ/(KG K)]	8.6045	8.6388	8.6726	8.7059	8.7387	8.7710	8.8029	8.8343
0.075 (365.01)	V (M³/KG)	3.6256	3.6874	3.7492	3.8109	3.8727	3.9344	3.9962	4.0579
	H (KJ/KG)	3108.0	3128.2	3148.4	3168.7	3189.1	3209.5	3230.0	3250.6
	S [KJ/(KG K)]	8.4158	8.4502	8.4840	8.5174	8.5502	8.5825	8.6144	8.6458
0.101325 (373.24)	V (M³/KG)	2.6822	2.7279	2.7737	2.8195	2.8652	2.9110	2.9567	3.0024
	H (KJ/KG)	3107.6	3127.8	3148.0	3168.4	3188.7	3209.2	3229.7	3250.3
	S [KJ/(KG K)]	8.2756	8.3100	8.3439	8.3773	8.4102	8.4425	8.4744	8.5059

Continued

TABLE AIV.1 *(Continued)* Properties of Superheated Steam

P (MPa) (T(S)(K))		Temperature (K)							
		670	680	690	700	710	720	730	740
0.015 (327.1)	V (M³/KG) H (KJ/KG) S [KJ/(KG K)]	20.615 3272.0 9.4232	20.923 3292.7 9.4537	21.231 3313.4 9.4838	21.538 3334.2 9.5135	21.846 3355.1 9.5428	22.154 3376.1 9.5717	22.462 3397.1 9.6003	22.770 3418.2 9.6286
0.020 (333.21)	V (M³/KG) H (KJ/KG) S [KJ/(KG K)]	15.460 3271.9 9.2901	15.691 3292.6 9.3206	15.922 3313.4 9.3507	16.153 3334.2 9.3804	16.384 3355.1 9.4097	16.615 3376.0 9.4387	16.846 3397.0 9.4673	17.077 3418.1 9.4955
0.030 (342.28)	V (M³/KG) H (KJ/KG) S [KJ/(KG K)]	10.305 3271.8 9.1023	10.459 3292.5 9.1328	10.613 3313.2 9.1629	10.767 3334.1 9.1926	10.921 3354.9 9.2219	11.075 3375.9 9.2509	11.229 3396.9 9.2795	11.383 3418.0 9.3077
0.040 (349.06)	V (M³/KG) H (KJ/KG) S [KJ/(KG K)]	7.7280 3271.7 8.9688	7.8436 3292.4 8.9993	7.9591 3313.1 9.0294	8.0747 3333.9 9.0592	8.1902 3354.8 9.0885	8.3058 3375.8 9.1174	8.4213 3396.8 9.1460	8.5369 3417.9 9.1743
0.050 (354.54)	V (M³/KG) H (KJ/KG) S [KJ/(KG K)]	6.1815 3271.6 8.8652	6.2740 3292.2 8.8957	6.3665 3313.0 8.9259	6.4590 3333.8 8.9556	6.5515 3354.7 8.9849	6.6439 3375.7 9.0139	6.7364 3396.7 9.0425	6.8288 3417.8 9.0707
0.075 (365.01)	V (M³/KG) H (KJ/KG) S [KJ/(KG K)]	4.1196 3271.2 8.6768	4.1813 3291.9 8.7073	4.2430 3312.7 8.7375	4.3047 3333.5 8.7672	4.3664 3354.4 8.7966	4.4281 3375.4 8.8255	4.4898 3396.4 8.8541	4.5514 3417.5 8.8824
0.101325 (373.24)	V (M³/KG) H (KJ/KG) S [KJ/(KG K)]	3.0482 3270.9 8.5369	3.0939 3291.6 8.5674	3.1396 3312.4 8.5976	3.1853 3333.2 8.6273	3.2310 3354.1 8.6567	3.2767 3375.1 8.6857	3.3224 3396.1 8.7143	3.3681 3417.2 8.7426

P (MPA) (T(S)(K))		Temperature (K)							
		750	760	770	780	790	800	810	820
0.015 (327.1)	V (M^3/KG) H (KJ/KG) S [KJ/(KG K)]	23.078 3439.3 9.6565	23.386 3460.5 9.6841	23.694 3481.8 9.7114	24.002 3503.2 9.7384	24.309 3524.6 9.7651	24.617 3546.1 9.7915	24.925 3567.7 9.8177	25.233 3589.3 9.8436
0.020 (333.21)	V (M^3/KG) H (KJ/KG) S [KJ/(KG K)]	17.308 3439.3 9.5235	17.538 3460.5 9.5511	17.769 3481.8 9.5783	18.000 3503.1 9.6053	18.231 3524.6 9.6320	18.462 3546.0 9.6585	18.693 3567.6 9.6846	18.924 3589.2 9.7106
0.030 (342.28)	V (M^3/KG) H (KJ/KG) S [KJ/(KG K)]	11.537 3439.2 9.3356	11.691 3460.4 9.3632	11.845 3481.7 9.3905	11.999 3503.0 9.4175	12.153 3524.5 9.4443	12.307 3546.0 9.4707	12.461 3567.5 9.4969	12.615 3589.1 9.5228
0.040 (349.06)	V (M^3/KG) H (KJ/KG) S [KJ/(KG K)]	8.6524 3439.1 9.2022	8.7679 3460.3 9.2298	8.8834 3481.6 9.2571	8.9989 3502.9 9.2841	9.1144 3524.4 9.3108	9.2300 3545.9 9.3373	9.3455 3567.4 9.3634	9.4610 3589.1 9.3894
0.050 (354.54)	V (M^3/KG) H (KJ/KG) S [KJ/(KG K)]	6.9213 3439.0 9.0987	7.0137 3460.2 9.1263	7.1061 3481.5 9.1536	7.1986 3502.8 9.1806	7.2910 3524.3 9.2073	7.3834 3545.8 9.2337	7.4759 3567.3 9.2599	7.5683 3589.0 9.2858
0.075 (365.01)	V (M^3/KG) H (KJ/KG) S [KJ/(KG K)]	4.6131 3438.7 8.9104	4.6748 3459.9 8.9380	4.7364 3481.2 8.9653	4.7981 3502.6 8.9923	4.8598 3524.0 9.0190	4.9214 3545.5 9.0454	4.9831 3567.1 9.0716	5.0447 3588.7 9.0975
0.101325 (373.24)	V (M^3/KG) H (KJ/KG) S [KJ/(KG K)]	3.4138 3438.4 8.7705	3.4594 3459.7 8.7982	3.5051 3481.0 8.8255	3.5508 3502.3 8.8525	3.5964 3523.8 8.8792	3.6421 3545.3 8.9057	3.6878 3566.9 8.9318	3.7334 3588.5 8.9578

Continued

TABLE AIV.1 *(Continued)* Properties of Superheated Steam.

P (MPA) (T(S)(K))		Temperature (K)							
		830	840	850	860	870	880	890	900
0.015 (327.1)	V (M³/KG)	25.541	25.849	26.156	26.464	26.772	27.080	27.388	27.696
	H (KJ/KG)	3611.0	3632.7	3654.6	3676.5	3698.4	3720.4	3742.5	3764.7
	S [KJ/(KG K)]	9.8692	9.8947	9.9199	9.9448	9.9696	9.9942	10.018	10.042
0.020 (333.21)	V (M³/KG)	19.155	19.386	19.617	19.848	20.078	20.309	20.540	20.771
	H (KJ/KG)	3610.9	3632.7	3654.5	3676.4	3698.4	3720.4	3742.5	3764.7
	S [KJ/(KG K)]	9.7362	9.7616	9.7869	9.8118	9.8366	9.8612	9.8856	9.9098
0.030 (342.28)	V (M³/KG)	12.769	12.923	13.077	13.231	13.385	13.539	13.693	13.847
	H (KJ/KG)	3610.8	3632.6	3654.4	3676.3	3698.3	3720.3	3742.4	3764.6
	S [KJ/(KG K)]	9.5484	9.5739	9.5991	9.6241	9.6488	9.6734	9.6978	9.7220
0.040 (349.06)	V (M³/KG)	9.5765	9.6920	9.8075	9.9229	10.038	10.153	10.269	10.384
	H (KJ/KG)	3610.8	3632.5	3654.4	3676.3	3698.2	3720.3	3742.4	3764.5
	S [KJ/(KG K)]	9.4150	9.4405	9.4657	9.4906	9.5154	9.5400	9.5644	9.5886
0.050 (354.54)	V (M³/KG)	7.6607	7.7531	7.8455	7.9379	8.0303	8.1227	8.2151	8.3075
	H (KJ/KG)	3610.7	3632.4	3654.3	3676.2	3698.1	3720.2	3742.3	3764.5
	S [KJ/(KG K)]	9.3115	9.3369	9.3621	9.3871	9.4119	9.4365	9.4608	9.4850
0.075 (365.01)	V (M³/KG)	5.1063	5.1680	5.2296	5.2912	5.3529	5.4145	5.4761	5.5377
	H (KJ/KG)	3610.5	3632.2	3654.1	3676.0	3697.9	3720.0	3742.1	3764.3
	S [KJ/(KG K)]	9.1232	9.1486	9.1739	9.1988	9.2236	9.2482	9.2726	9.2968
0.101325 (373.24)	V (M³/KG)	3.7791	3.8247	3.8703	3.9160	3.9616	4.0073	4.0529	4.0985
	H (KJ/KG)	3610.2	3632.0	3653.9	3675.8	3697.7	3719.8	3741.9	3764.1
	S [KJ/(KG K)]	8.9834	9.0089	9.0341	9.0591	9.0839	9.1084	9.1328	9.1570

P (MPA) (T(S)(K))		\multicolumn{8}{c}{Temperature (K)}							
		910	920	930	940	950	960	970	980
0.015 (327.1)	V (M³/KG) H (KJ/KG) S [KJ/(KG K)]	28.003 3786.9 10.066	28.311 3809.2 10.090	28.619 3831.6 10.114	28.927 3854.0 10.137	29.235 3876.6 10.161	29.542 3899.1 10.184	29.850 3921.8 10.207	30.158 3944.5 10.230
0.020 (333.21)	V (M³/KG) H (KJ/KG) S [KJ/(KG K)]	21.002 3786.9 9.9338	21.233 3809.2 9.9576	21.464 3831.6 9.9813	21.695 3854.0 10.004	21.925 3876.5 10.028	22.156 3899.1 10.051	22.387 3921.7 10.074	22.618 3944.4 10.097
0.030 (342.28)	V (M³/KG) H (KJ/KG) S [KJ/(KG K)]	14.001 3786.8 9.7460	14.155 3809.1 9.7698	14.308 3831.5 9.7935	14.462 3854.0 9.8170	14.616 3876.5 9.8404	14.770 3899.0 9.8636	14.924 3921.7 9.8867	15.078 3944.4 9.9097
0.040 (349.06)	V (M³/KG) H (KJ/KG) S [KJ/(KG K)]	10.500 3786.8 9.6126	10.615 3809.1 9.6364	10.731 3831.4 9.6601	10.846 3853.9 9.6836	10.962 3876.4 9.7070	11.077 3899.0 9.7302	11.193 3921.6 9.7533	11.308 3944.3 9.7763
0.050 (354.54)	V (M³/KG) H (KJ/KG) S [KJ/(KG K)]	8.3999 3786.7 9.5090	8.4923 3809.0 9.5329	8.5847 3831.4 9.5566	8.6771 3853.8 9.5801	8.7695 3876.3 9.6035	8.8618 3898.9 9.6267	8.9542 3921.6 9.6498	9.0466 3944.3 9.6727
0.075 (365.01)	V (M³/KG) H (KJ/KG) S [KJ/(KG K)]	5.5994 3786.5 9.3208	5.6610 3808.8 9.3446	5.7226 3831.2 9.3683	5.7842 3853.7 9.3918	5.8458 3876.2 9.4152	5.9074 3898.8 9.4385	5.9690 3921.4 9.4615	6.0306 3944.1 9.4845
0.101325 (373.24)	V (M³/KG) H (KJ/KG) S [KJ/(KG K)]	4.1441 3786.3 9.1810	4.1898 3808.7 9.2049	4.2354 3831.0 9.2286	4.2810 3853.5 9.2521	4.3266 3876.0 9.2755	4.3722 3898.6 9.2987	4.4178 3921.3 9.3218	4.4635 3944.0 9.3448

Continued

TABLE AIV.1 *(Continued)* Properties of Superheated Steam

P (MPA) (T(S)(K))		Temperature (K)							
		990	1000	1010	1020	1030	1040	1050	1060
0.015 (327.1)	V (M³/KG)	30.466	30.774	31.081	31.389	31.697	32.005	32.313	32.620
	H (KJ/KG)	3967.2	3990.1	4013.0	4036.0	4059.0	4082.1	4105.3	4128.6
	S [KJ/(KG K)]	10.253	10.276	10.298	10.321	10.343	10.365	10.387	10.409
0.020 (333.21)	V (M³/KG)	22.849	23.080	23.311	23.542	23.772	24.003	24.234	24.465
	H (KJ/KG)	3967.2	3990.1	4013.0	4035.9	4059.0	4082.1	4105.3	4128.5
	S [KJ/(KG K)]	10.120	10.143	10.165	10.188	10.210	10.232	10.254	10.276
0.030 (342.28)	V (M³/KG)	15.232	15.386	15.540	15.694	15.848	16.002	16.156	16.309
	H (KJ/KG)	3967.2	3990.0	4012.9	4035.9	4058.9	4082.1	4105.2	4128.5
	S [KJ/(KG K)]	9.9325	9.9552	9.9778	10.000	10.022	10.044	10.067	10.089
0.040 (349.06)	V (M³/KG)	11.424	11.539	11.655	11.770	11.885	12.001	12.116	12.232
	H (KJ/KG)	3967.1	3989.9	4012.9	4035.8	4058.9	4082.0	4105.2	4128.4
	S [KJ/(KG K)]	9.7991	9.8218	9.8444	9.8669	9.8892	9.9115	9.9337	9.9557
0.050 (354.54)	V (M³/KG)	9.1390	9.2313	9.3237	9.4161	9.5085	9.6008	9.6932	9.7855
	H (KJ/KG)	3967.0	3989.9	4012.8	4035.8	4058.8	4082.0	4105.1	4128.4
	S [KJ/(KG K)]	9.6956	9.7183	9.7409	9.7633	9.7857	9.8080	9.8301	9.8522
0.075 (365.01)	V (M³/KG)	6.0922	6.1538	6.2154	6.2770	6.3386	6.4002	6.4618	6.5234
	H (KJ/KG)	3966.9	3989.8	4012.7	4035.7	4058.7	4081.8	4105.0	4128.3
	S [KJ/(KG K)]	9.5073	9.5300	9.5526	9.5751	9.5975	9.6197	9.6419	9.6639
0.101325 (373.24)	V (M³/KG)	4.5091	4.5547	4.6003	4.6459	4.6915	4.7371	4.7827	4.8283
	H (KJ/KG)	3966.8	3989.6	4012.5	4035.5	4058.6	4081.7	4104.9	4128.2
	S [KJ/(KG K)]	9.3676	9.3903	9.4129	9.4354	9.4577	9.4800	9.5021	9.5242

		Temperature (K)							
P (MPa) (T(S)(K))		1070	1080	1090	1100	1110	1120	1130	1140
0.015 (327.1)	V (M³/KG) H (KJ/KG) S [KJ/(KG K)]	32.928 4151.9 10.431	33.236 4175.3 10.453	33.544 4198.7 10.475	33.852 4222.2 10.497	34.159 4245.8 10.518	34.467 4269.5 10.540	34.775 4293.2 10.561	35.083 4317.0 10.583
0.020 (333.21)	V (M³/KG) H (KJ/KG) S [KJ/(KG K)]	24.696 4151.8 10.298	24.927 4175.2 10.320	25.158 4198.7 10.342	25.388 4222.2 10.364	25.619 4245.8 10.385	25.850 4269.4 10.407	26.081 4293.2 10.428	26.312 4316.9 10.450
0.030 (342.28)	V (M³/KG) H (KJ/KG) S [KJ/(KG K)]	16.463 4151.8 10.111	16.617 4175.2 10.132	16.771 4198.6 10.154	16.925 4222.2 10.176	17.079 4245.7 10.198	17.233 4269.4 10.219	17.387 4293.1 10.240	17.541 4316.9 10.262
0.040 (349.06)	V (M³/KG) H (KJ/KG) S [KJ/(KG K)]	12.347 4151.8 9.9777	12.463 4175.1 9.9995	12.578 4198.6 10.021	12.694 4222.1 10.043	12.809 4245.7 10.064	12.924 4269.4 10.086	13.040 4293.1 10.107	13.155 4316.9 10.128
0.050 (354.54)	V (M³/KG) H (KJ/KG) S [KJ/(KG K)]	9.8779 4151.7 9.8741	9.9703 4175.1 9.8960	10.062 4198.6 9.9177	10.155 4222.1 9.9394	10.247 4245.7 9.9610	10.339 4269.3 9.9825	10.432 4293.0 10.004	10.524 4316.8 10.025
0.075 (365.01)	V (M³/KG) H (KJ/KG) S [KJ/(KG K)]	6.5849 4151.6 9.6859	6.6465 4175.0 9.7077	6.7081 4198.4 9.7295	6.7697 4222.0 9.7512	6.8313 4245.6 9.7728	6.8929 4269.2 9.7943	6.9544 4292.9 9.8157	7.0160 4316.7 9.8370
0.101325 (373.24)	V (M³/KG) H (KJ/KG) S [KJ/(KG K)]	4.8739 4151.5 9.5461	4.9195 4174.9 9.5680	4.9651 4198.3 9.5898	5.0106 4221.9 9.6114	5.0562 4245.5 9.6330	5.1018 4269.1 9.6545	5.1474 4292.8 9.6760	5.1930 4316.6 9.6973

Continued

TABLE AIV.1 *(Continued)* Properties of Superheated Steam

P (MPa) ($T(S/K)$)		Temperature (K)							
		400	410	420	430	440	450	460	470
0.20 (393.5)	V (M³/KG)	0.9026	0.9280	0.9531	0.9778	1.0022	1.0263	1.0504	1.0742
	H (KJ/KG)	2719.2	2741.3	2762.9	2784.0	2804.7	2825.3	2845.6	2865.7
	S [KJ/(KG K)]	7.1556	7.2068	7.2566	7.3053	7.3528	7.3992	7.4446	7.4890
0.30 (406.8)	V (M³/KG)		0.6116	0.6292	0.6463	0.6632	0.6797	0.6961	0.7124
	H (KJ/KG)		2730.2	2753.5	2776.1	2798.1	2819.5	2840.6	2861.4
	S [KJ/(KG K)]		7.0030	7.0546	7.1047	7.1536	7.2012	7.2476	7.2930
0.40 (416.87)	V (M³/KG)			0.4668	0.4803	0.4934	0.5063	0.5189	0.5314
	H (KJ/KG)			2743.3	2767.5	2790.8	2813.4	2835.3	2856.8
	S [KJ/(KG K)]			6.9069	6.9586	7.0088	7.0577	7.1052	7.1515
0.50 (425.08)	V (M³/KG)				0.3805	0.3914	0.4021	0.4125	0.4227
	H (KJ/KG)				2758.2	2783.0	2806.7	2829.6	2851.9
	S [KJ/(KG K)]				6.8422	6.8938	6.9439	6.9925	7.0398
0.75 (440.94)	V (M³/KG)						0.2627	0.2702	0.2775
	H (KJ/KG)						2788.1	2813.8	2838.4
	S [KJ/(KG K)]						6.7291	6.7806	6.8305
1.0 (453.02)	V (M³/KG)							0.1987	0.2046
	H (KJ/KG)							2795.8	2823.0
	S [KJ/(KG K)]							6.6219	6.6745
2.0 (485.36)	V (M³/KG)								
	H (KJ/KG)								
	S [KJ/(KG K)]								

P (MPA) (T(S)(K))		480	490	500	510	Temperature (K) 520	530	540	550
0.20 (393.5)	V (M³/KG) H (KJ/KG) S [KJ/(KG K)]	1.0980 2885.8 7.5324	1.1216 2905.8 7.5750	1.1452 2925.7 7.6166	1.1688 2945.7 7.6575	1.1923 2965.6 7.6975	1.2157 2985.6 7.7368	1.2392 3005.5 7.7753	1.2626 3025.5 7.8131
0.30 (406.8)	V (M³/KG) H (KJ/KG) S [KJ/(KG K)]	0.7285 2882.0 7.3372	0.7445 2902.4 7.3805	0.7604 2922.7 7.4228	0.7763 2942.9 7.4643	0.7921 2963.1 7.5048	0.8079 2983.2 7.5446	0.8236 3003.4 7.5835	0.8394 3023.5 7.6217
0.40 (416.87)	V (M³/KG) H (KJ/KG) S [KJ/(KG K)]	0.5437 2878.0 7.1966	0.5559 2898.8 7.2407	0.5680 2919.5 7.2837	0.5800 2940.1 7.3257	0.5920 2960.5 7.3668	0.6040 2980.8 7.4070	0.6159 3001.1 7.4464	0.6277 3021.4 7.4849
0.50 (425.08)	V (M³/KG) H (KJ/KG) S [KJ/(KG K)]	0.4327 2873.7 7.0858	0.4426 2895.1 7.1307	0.4525 2916.2 7.1744	0.4622 2937.0 7.2170	0.4719 2957.7 7.2586	0.4816 2978.3 7.2993	0.4912 2998.8 7.3391	0.5008 3019.3 7.3781
0.75 (440.94)	V (M³/KG) H (KJ/KG) S [KJ/(KG K)]	0.2846 2862.0 6.8788	0.2915 2884.9 6.9257	0.2984 2907.1 6.9712	0.3051 2929.0 7.0155	0.3118 2950.5 7.0586	0.3184 2971.7 7.1006	0.3249 2992.8 7.1415	0.3314 3013.7 7.1814
1.0 (453.02)	V (M³/KG) H (KJ/KG) S [KJ/(KG K)]	0.2103 2848.8 6.7253	0.2158 2873.4 6.7744	0.2212 2897.2 6.8219	0.2264 2920.2 6.8678	0.2316 2942.6 6.9125	0.2367 2964.7 6.9558	0.2417 2986.3 6.9980	0.2467 3007.8 7.0390
2.0 (485.36)	V (M³/KG) H (KJ/KG) S [KJ/(KG K)]		0.1012 2815.3 6.3703	0.1046 2847.2 6.4268	0.1078 2876.9 6.4809	0.1109 2904.7 6.5327	0.1138 2931.1 6.5824	0.1167 2956.3 6.6302	0.1195 2980.7 6.6763

Continued

TABLE AIV.1 *(Continued)* Properties of Superheated Steam

P (MPA) (T(S)(K))		560	570	580	590	600	610	620	630
					Temperature (K)				
0.20 (393.5)	V (M³/KG) H (KJ/KG) S [KJ/(KG K)]	1.2859 3045.6 7.8502	1.3093 3065.7 7.8867	1.3326 3085.8 7.9226	1.3559 3106.0 7.9578	1.3793 3126.2 7.9924	1.4026 3146.5 8.0265	1.4258 3166.9 8.0600	1.4491 3187.3 8.0931
0.30 (406.8)	V (M³/KG) H (KJ/KG) S [KJ/(KG K)]	0.8550 3043.7 7.6591	0.8707 3063.8 7.6959	0.8864 3084.1 7.7320	0.9020 3104.3 7.7675	0.9176 3124.6 7.8023	0.9332 3145.0 7.8366	0.9488 3165.4 7.8703	0.9644 3185.9 7.9034
0.40 (416.87)	V (M³/KG) H (KJ/KG) S [KJ/(KG K)]	0.6396 3041.7 7.5227	0.6514 3062.0 7.5598	0.6632 3082.3 7.5961	0.6750 3102.6 7.6318	0.6868 3123.0 7.6669	0.6985 3143.4 7.7014	0.7103 3163.9 7.7352	0.7220 3184.4 7.7685
0.50 (425.08)	V (M³/KG) H (KJ/KG) S [KJ/(KG K)]	0.5103 3039.7 7.4162	0.5198 3060.1 7.4536	0.5293 3080.5 7.4902	0.5388 3100.9 7.5262	0.5483 3121.4 7.5614	0.5577 3141.8 7.5961	0.5672 3162.4 7.6301	0.5766 3182.9 7.6636
0.75 (440.94)	V (M³/KG) H (KJ/KG) S [KJ/(KG K)]	0.3379 3034.5 7.2205	0.3444 3055.2 7.2586	0.3508 3075.9 7.2960	0.3572 3096.5 7.3326	0.3636 3117.2 7.3684	0.3700 3137.8 7.4036	0.3764 3158.5 7.4380	0.3827 3179.2 7.4719
1.0 (453.02)	V (M³/KG) H (KJ/KG) S [KJ/(KG K)]	0.2517 3029.0 7.0790	0.2566 3050.1 7.1180	0.2615 3071.1 7.1562	0.2664 3092.0 7.1934	0.2713 3112.8 7.2298	0.2761 3133.7 7.2655	0.2810 3154.5 7.3005	0.2858 3175.4 7.3347
2.0 (485.36)	V (M³/KG) H (KJ/KG) S [KJ/(KG K)]	0.1222 3004.3 6.7208	0.1249 3027.4 6.7638	0.1275 3050.0 6.8055	0.1301 3072.3 6.8459	0.1327 3094.4 6.8851	0.1353 3116.2 6.9233	0.1378 3137.9 6.9604	0.1403 3159.5 6.9967

P (MPA) (T(S)/K)		\multicolumn{8}{c}{Temperature (K)}							
		640	650	660	670	680	690	700	710
0.20 (393.5)	V (M³/KG) H (KJ/KG) S [KJ/(KG K)]	1.4724 3207.8 8.1256	1.4957 3228.3 8.1576	1.5189 3249.0 8.1891	1.5422 3269.6 8.2202	1.5654 3290.4 8.2508	1.5886 3311.2 8.2810	1.6119 3332.0 8.3109	1.6351 3353.0 8.3403
0.30 (406.8)	V (M³/KG) H (KJ/KG) S [KJ/(KG K)]	0.9800 3206.4 7.9361	0.9955 3227.0 7.9682	1.0111 3247.6 7.9998	1.0267 3268.3 8.0310	1.0422 3289.1 8.0617	1.0578 3309.9 8.0920	1.0733 3330.8 8.1219	1.0888 3351.8 8.1513
0.40 (416.87)	V (M³/KG) H (KJ/KG) S [KJ/(KG K)]	0.7338 3205.0 7.8013	0.7455 3225.6 7.8335	0.7572 3246.3 7.8652	0.7689 3267.0 7.8965	0.7806 3287.8 7.9273	0.7923 3308.7 7.9577	0.8040 3329.6 7.9876	0.8157 3350.6 8.0171
0.50 (425.08)	V (M³/KG) H (KJ/KG) S [KJ/(KG K)]	0.5860 3203.5 7.6964	0.5955 3224.2 7.7288	0.6049 3244.9 7.7607	0.6143 3265.7 7.7920	0.6237 3286.6 7.8229	0.6331 3307.5 7.8533	0.6424 3328.4 7.8833	0.6518 3349.5 7.9129
0.75 (440.94)	V (M³/KG) H (KJ/KG) S [KJ/(KG K)]	0.3891 3199.9 7.5051	0.3954 3220.7 7.5378	0.4017 3241.6 7.5699	0.4081 3262.4 7.6015	0.4144 3283.4 7.6326	0.4207 3304.4 7.6632	0.4270 3325.4 7.6934	0.4333 3346.5 7.7232
1.0 (453.02)	V (M³/KG) H (KJ/KG) S [KJ/(KG K)]	0.2906 3196.3 7.3683	0.2954 3217.2 7.4013	0.3002 3238.1 7.4338	0.3050 3259.1 7.4656	0.3098 3280.1 7.4970	0.3145 3301.2 7.5278	0.3193 3322.4 7.5582	0.3240 3343.5 7.5881
2.0 (485.36)	V (M³/KG) H (KJ/KG) S [KJ/(KG K)]	0.1428 3181.1 7.0320	0.1453 3202.5 7.0666	0.1478 3224.0 7.1004	0.1503 3245.5 7.1335	0.1528 3266.9 7.1659	0.1552 3288.4 7.1977	0.1577 3309.9 7.2290	0.1602 3331.5 7.2596

Continued

TABLE AIV.1 *(Continued)* Properties of Superheated Steam

P (MPa) (T(S)/(K))		Temperature (K)							
		720	730	740	750	760	770	780	790
0.20 (393.5)	V (M³/KG)	1.6583	1.6815	1.7047	1.7279	1.7511	1.7743	1.7975	1.8207
	H (KJ/KG)	3374.0	3395.0	3416.2	3437.4	3458.6	3480.0	3501.4	3522.8
	S [KJ/(KG K)]	8.3693	8.3980	8.4263	8.4543	8.4819	8.5093	8.5363	8.5630
0.30 (406.8)	V (M³/KG)	1.1043	1.1199	1.1354	1.1509	1.1664	1.1819	1.1974	1.2129
	H (KJ/KG)	3372.8	3393.9	3415.1	3436.3	3457.6	3479.0	3500.4	3521.9
	S [KJ/(KG K)]	8.1804	8.2092	8.2375	8.2655	8.2932	8.3206	8.3476	8.3744
0.40 (416.87)	V (M³/KG)	0.8274	0.8390	0.8507	0.8624	0.8740	0.8857	0.8973	0.9090
	H (KJ/KG)	3371.7	3392.8	3414.0	3435.3	3456.6	3478.0	3499.4	3520.9
	S [KJ/(KG K)]	8.0463	8.0750	8.1034	8.1315	8.1592	8.1866	8.2137	8.2405
0.50 (425.08)	V (M³/KG)	0.6612	0.6705	0.6799	0.6892	0.6986	0.7079	0.7173	0.7266
	H (KJ/KG)	3370.6	3391.7	3412.9	3434.2	3455.5	3477.0	3498.4	3520.0
	S [KJ/(KG K)]	7.9421	7.9709	7.9994	8.0275	8.0552	8.0826	8.1097	8.1365
0.75 (440.94)	V (M³/KG)	0.4396	0.4459	0.4522	0.4584	0.4647	0.4710	0.4772	0.4835
	H (KJ/KG)	3367.7	3388.9	3410.2	3431.5	3453.0	3474.4	3496.0	3517.6
	S [KJ/(KG K)]	7.7525	7.7814	7.8100	7.8382	7.8660	7.8935	7.9207	7.9476
1.0 (453.02)	V (M³/KG)	0.3288	0.3335	0.3383	0.3430	0.3478	0.3525	0.3572	0.3619
	H (KJ/KG)	3364.8	3386.1	3407.4	3428.9	3450.3	3471.9	3493.5	3515.2
	S [KJ/(KG K)]	7.6176	7.6466	7.6753	7.7036	7.7315	7.7591	7.7863	7.8133
2.0 (485.36)	V (M³/KG)	0.1626	0.1650	0.1675	0.1699	0.1723	0.1748	0.1772	0.1796
	H (KJ/KG)	3353.0	3374.7	3396.3	3418.0	3439.8	3461.6	3483.5	3505.4
	S [KJ/(KG K)]	7.2898	7.3195	7.3487	7.3774	7.4058	7.4337	7.4613	7.4886

P (MPA) (T(S)/K)		Temperature (K)							
		800	810	820	830	840	850	860	870
0.20 (393.5)	V (M³/KG) H (KJ/KG) S [KJ/(KG K)]	1.8439 3544.4 8.5895	1.8670 3566.0 8.6157	1.8902 3587.6 8.6417	1.9134 3609.4 8.6673	1.9366 3631.2 8.6928	1.9597 3653.0 8.7180	1.9829 3675.0 8.7430	2.0060 3697.0 8.7678
0.30 (406.8)	V (M³/KG) H (KJ/KG) S [KJ/(KG K)]	1.2284 3543.4 8.4009	1.2438 3565.1 8.4271	1.2593 3586.8 8.4530	1.2748 3608.5 8.4788	1.2903 3630.3 8.5042	1.3057 3652.2 8.5295	1.3212 3674.2 8.5545	1.3367 3696.2 8.5793
0.40 (416.87)	V (M³/KG) H (KJ/KG) S [KJ/(KG K)]	0.9206 3542.5 8.2670	0.9322 3564.2 8.2932	0.9439 3585.9 8.3192	0.9555 3607.6 8.3449	0.9671 3629.5 8.3704	0.9787 3651.4 8.3956	0.9904 3673.4 8.4206	1.0020 3695.4 8.4455
0.50 (425.08)	V (M³/KG) H (KJ/KG) S [KJ/(KG K)]	0.7359 3541.6 8.1631	0.7453 3563.2 8.1893	0.7546 3585.0 8.2153	0.7639 3606.8 8.2410	0.7732 3628.7 8.2665	0.7826 3650.6 8.2918	0.7919 3672.6 8.3168	0.8012 3694.6 8.3416
0.75 (440.94)	V (M³/KG) H (KJ/KG) S [KJ/(KG K)]	0.4898 3539.2 7.9741	0.4960 3561.0 8.0004	0.5023 3582.8 8.0265	0.5085 3604.6 8.0522	0.5147 3626.5 8.0777	0.5210 3648.5 8.1030	0.5272 3670.6 8.1281	0.5334 3692.7 8.1529
1.0 (453.02)	V (M³/KG) H (KJ/KG) S [KJ/(KG K)]	0.3666 3536.9 7.8399	0.3714 3558.7 7.8663	0.3761 3580.5 7.8923	0.3808 3602.4 7.9181	0.3855 3624.4 7.9437	0.3902 3646.5 7.9690	0.3949 3668.6 7.9941	0.3996 3690.7 8.0190
2.0 (485.36)	V (M³/KG) H (KJ/KG) S [KJ/(KG K)]	0.1820 3527.4 7.5155	0.1844 3549.4 7.5420	0.1868 3571.5 7.5683	0.1892 3593.7 7.5943	0.1916 3615.9 7.6201	0.1940 3638.1 7.6455	0.1964 3660.5 7.6707	0.1988 3682.8 7.6957

Continued

TABLE AIV.1 *(Continued)* Properties of Superheated Steam

P (MPA) (T(S)(K))		880	890	900	910	Temperature (K) 920	930	940	950
0.20 (393.5)	V (M³/KG)	2.0292	2.0524	2.0755	2.0987	2.1218	2.1449	2.1681	2.1912
	H (KJ/KG)	3719.0	3741.2	3763.4	3785.7	3808.0	3830.4	3852.9	3875.4
	S [KJ/(KG K)]	8.7924	8.8168	8.8410	8.8650	8.8889	8.9126	8.9361	8.9595
0.30 (406.8)	V (M³/KG)	1.3521	1.3676	1.3831	1.3985	1.4140	1.4294	1.4449	1.4603
	H (KJ/KG)	3718.3	3740.4	3762.7	3785.0	3807.3	3829.7	3852.2	3874.8
	S [KJ/(KG K)]	8.6039	8.6283	8.6525	8.6765	8.7004	8.7240	8.7476	8.7710
0.40 (416.87)	V (M³/KG)	1.0136	1.0252	1.0368	1.0484	1.0600	1.0716	1.0832	1.0948
	H (KJ/KG)	3717.5	3739.7	3761.9	3784.3	3806.6	3829.1	3851.6	3874.1
	S [KJ/(KG K)]	8.4701	8.4945	8.5187	8.5427	8.5666	8.5903	8.6138	8.6372
0.50 (425.08)	V (M³/KG)	0.8105	0.8198	0.8291	0.8384	0.8477	0.8570	0.8663	0.8756
	H (KJ/KG)	3716.8	3739.0	3761.2	3783.6	3805.9	3828.4	3850.9	3873.5
	S [KJ/(KG K)]	8.3662	8.3907	8.4149	8.4389	8.4628	8.4865	8.5100	8.5334
0.75 (440.94)	V (M³/KG)	0.5397	0.5459	0.5521	0.5583	0.5646	0.5708	0.5770	0.5832
	H (KJ/KG)	3714.9	3737.1	3759.4	3781.8	3804.2	3826.7	3849.3	3871.9
	S [KJ/(KG K)]	8.1776	8.2020	8.2262	8.2503	8.2742	8.2979	8.3214	8.3448
1.0 (453.02)	V (M³/KG)	0.4043	0.4089	0.4136	0.4183	0.4230	0.4277	0.4323	0.4370
	H (KJ/KG)	3713.0	3735.3	3757.6	3780.0	3802.5	3825.1	3847.7	3870.4
	S [KJ/(KG K)]	8.0436	8.0681	8.0923	8.1164	8.1403	8.1640	8.1876	8.2110
2.0 (485.36)	V (M³/KG)	0.2011	0.2035	0.2059	0.2083	0.2106	0.2130	0.2154	0.2177
	H (KJ/KG)	3705.3	3727.8	3750.4	3773.0	3795.7	3818.4	3841.2	3864.0
	S [KJ/(KG K)]	7.7205	7.7450	7.7693	7.7935	7.8175	7.8412	7.8649	7.8883

P (MPA) (T(S)(K))		Temperature (K)							
		960	970	980	990	1000	1010	1020	1030
0.20 (393.5)	V (M³/KG) H (KJ/KG) S [KJ/(KG K)]	2.2144 3898.0 8.9827	2.2375 3920.7 9.0058	2.2606 3943.4 9.0288	2.2838 3966.2 9.0516	2.3069 3989.1 9.0743	2.3300 4012.0 9.0969	2.3531 4035.0 9.1193	2.3763 4058.1 9.1417
0.30 (406.8)	V (M³/KG) H (KJ/KG) S [KJ/(KG K)]	1.4757 3897.4 8.7942	1.4912 3920.1 8.8173	1.5066 3942.8 8.8403	1.5221 3965.6 8.8631	1.5375 3988.5 8.8858	1.5529 4011.5 8.9084	1.5684 4034.5 8.9309	1.5838 4057.6 8.9532
0.40 (416.87)	V (M³/KG) H (KJ/KG) S [KJ/(KG K)]	1.1064 3896.8 8.6604	1.1180 3919.5 8.6835	1.1296 3942.3 8.7065	1.1412 3965.1 8.7293	1.1528 3988.0 8.7520	1.1644 4011.0 8.7746	1.1760 4034.0 8.7971	1.1876 4057.1 8.8195
0.50 (425.08)	V (M³/KG) H (KJ/KG) S [KJ/(KG K)]	0.8848 3896.2 8.5567	0.8941 3918.9 8.5798	0.9034 3941.7 8.6027	0.9127 3964.5 8.6256	0.9220 3987.4 8.6483	0.9313 4010.4 8.6709	0.9405 4033.5 8.6934	0.9498 4056.6 8.7157
0.75 (440.94)	V (M³/KG) H (KJ/KG) S [KJ/(KG K)]	0.5894 3894.6 8.3681	0.5956 3917.4 8.3912	0.6018 3940.2 8.4142	0.6080 3963.1 8.4370	0.6142 3986.1 8.4597	0.6204 4009.1 8.4823	0.6266 4032.2 8.5048	0.6328 4055.3 8.5272
1.0 (453.02)	V (M³/KG) H (KJ/KG) S [KJ/(KG K)]	0.4417 3893.1 8.2342	0.4464 3915.9 8.2574	0.4510 3938.8 8.2803	0.4557 3961.7 8.3032	0.4604 3984.7 8.3259	0.4650 4007.8 8.3485	0.4697 4030.9 8.3710	0.4743 4054.1 8.3934
2.0 (485.36)	V (M³/KG) H (KJ/KG) S [KJ/(KG K)]	0.2201 3887.0 7.9116	0.2225 3909.9 7.9348	0.2248 3933.0 7.9578	0.2272 3956.1 7.9807	0.2295 3979.2 8.0034	0.2319 4002.4 8.0260	0.2342 4025.7 8.0485	0.2366 4049.0 8.0709

Continued

TABLE AIV.1 *(Continued)* Properties of Superheated Steam

P (MPA) (T(S)(K))		Temperature (K)							
		1040	1050	1060	1070	1080	1090	1100	1110
0.20 (393.5)	V (M³/KG) H (KJ/KG) S [KJ/(KG K)]	2.3994 4081.2 9.1640	2.4225 4104.4 9.1861	2.4456 4127.7 9.2082	2.4687 4151.0 9.2301	2.4919 4174.4 9.2520	2.5150 4197.9 9.2738	2.5381 4221.5 9.2955	2.5612 4245.1 9.3170
0.30 (406.8)	V (M³/KG) H (KJ/KG) S [KJ/(KG K)]	1.5992 4080.7 8.9755	1.6146 4104.0 8.9976	1.6301 4127.2 9.0197	1.6455 4150.6 9.0417	1.6609 4174.0 9.0635	1.6763 4197.5 9.0853	1.6918 4221.0 9.1070	1.7072 4244.7 9.1286
0.40 (416.87)	V (M³/KG) H (KJ/KG) S [KJ/(KG K)]	1.1991 4080.3 8.8417	1.2107 4103.5 8.8639	1.2223 4126.8 8.8860	1.2339 4150.1 8.9079	1.2454 4173.6 8.9298	1.2570 4197.1 8.9515	1.2686 4220.6 8.9732	1.2802 4244.3 8.9948
0.50 (425.08)	V (M³/KG) H (KJ/KG) S [KJ/(KG K)]	0.9591 4079.8 8.7380	0.9684 4103.0 8.7601	0.9776 4126.3 8.7822	0.9869 4149.7 8.8042	0.9962 4173.1 8.8260	1.0054 4196.6 8.8478	1.0147 4220.2 8.8695	1.0240 4243.9 8.8911
0.75 (440.94)	V (M³/KG) H (KJ/KG) S [KJ/(KG K)]	0.6390 4078.5 8.5494	0.6452 4101.8 8.5716	0.6514 4125.2 8.5937	0.6576 4148.6 8.6156	0.6638 4172.1 8.6375	0.6700 4195.6 8.6593	0.6762 4219.2 8.6809	0.6823 4242.9 8.7025
1.0 (453.02)	V (M³/KG) H (KJ/KG) S [KJ/(KG K)]	0.4790 4077.3 8.4156	0.4836 4100.6 8.4378	0.4883 4124.0 8.4599	0.4930 4147.5 8.4818	0.4976 4171.0 8.5037	0.5023 4194.5 8.5255	0.5069 4218.2 8.5472	0.5116 4241.9 8.5687
2.0 (485.36)	V (M³/KG) H (KJ/KG) S [KJ/(KG K)]	0.2389 4072.4 8.0932	0.2413 4095.9 8.1154	0.2436 4119.4 8.1374	0.2460 4143.0 8.1594	0.2483 4166.6 8.1813	0.2507 4190.3 8.2031	0.2530 4214.0 8.2248	0.2553 4237.9 8.2464

		Temperature (K)								
$P\ (MPA)$ $(T(S)(K))$		1120	1130	1140	1150	1160	1170	1180	1190	
0.20 (393.5)	$V\ (M^3/KG)$ $H\ (KJ/KG)$ $S\ [KJ/(KG\ K)]$	2.5843 4268.7 9.3385	2.6074 4292.5 9.3600	2.6305 4316.3 9.3813	2.6536 4340.2 9.4026	2.6767 4364.1 9.4237	2.6998 4388.1 9.4448	2.7230 4412.2 9.4658	2.7461 4436.3 9.4868	
0.30 (406.8)	$V\ (M^3/KG)$ $H\ (KJ/KG)$ $S\ [KJ/(KG\ K)]$	1.7226 4268.3 9.1501	1.7380 4292.1 9.1715	1.7534 4315.9 9.1928	1.7688 4339.8 9.2141	1.7843 4363.7 9.2353	1.7997 4387.8 9.2563	1.8151 4411.8 9.2773	1.8305 4436.0 9.2983	
0.40 (416.87)	$V\ (M^3/KG)$ $H\ (KJ/KG)$ $S\ [KJ/(KG\ K)]$	1.2917 4268.0 9.0163	1.3033 4291.7 9.0377	1.3149 4315.5 9.0591	1.3264 4339.4 9.0803	1.3380 4363.4 9.1015	1.3496 4387.4 9.1226	1.3611 4411.5 9.1436	1.3727 4435.7 9.1645	
0.50 (425.08)	$V\ (M^3/KG)$ $H\ (KJ/KG)$ $S\ [KJ/(KG\ K)]$	1.0332 4267.6 8.9126	1.0425 4291.3 8.9340	1.0517 4315.2 8.9553	1.0610 4339.1 8.9766	1.0703 4363.0 8.9978	1.0795 4387.1 9.0188	1.0888 4411.2 9.0399	1.0980 4435.3 9.0608	
0.75 (440.94)	$V\ (M^3/KG)$ $H\ (KJ/KG)$ $S\ [KJ/(KG\ K)]$	0.6885 4266.6 8.7240	0.6947 4290.4 8.7455	0.7009 4314.2 8.7668	0.7071 4338.2 8.7881	0.7133 4362.2 8.8092	0.7194 4386.2 8.8303	0.7256 4410.3 8.8513	0.7318 4434.5 8.8723	
1.0 (453.02)	$V\ (M^3/KG)$ $H\ (KJ/KG)$ $S\ [KJ/(KG\ K)]$	0.5162 4265.6 8.5903	0.5208 4289.4 8.6117	0.5255 4313.3 8.6330	0.5301 4337.3 8.6543	0.5348 4361.3 8.6755	0.5394 4385.4 8.6966	0.5441 4409.5 8.7176	0.5487 4433.7 8.7385	
2.0 (485.36)	$V\ (M^3/KG)$ $H\ (KJ/KG)$ $S\ [KJ/(KG\ K)]$	0.2577 4261.7 8.2679	0.2600 4285.7 8.2893	0.2624 4309.6 8.3107	0.2647 4333.7 8.3319	0.2670 4357.8 8.3531	0.2694 4382.0 8.3742	0.2717 4406.2 8.3952	0.2740 4430.5 8.4162	

Continued

TABLE AIV.1 *(Continued)* Properties of Superheated Steam

P (MPA) (T(S)(K))		Temperature (K)							
		520	530	540	550	560	570	580	590
3.0 (506.76)	V (M³/KG) H (KJ/KG) S [KJ/(KG K)]	0.0700 2854.8 6.2736	0.0724 2887.9 6.3311	0.0746 2918.5 6.3859	0.0767 2947.3 6.4382	0.0788 2974.5 6.4882	0.0808 3000.6 6.5361	0.0827 3025.6 6.5821	0.0846 3049.9 6.6263
4.0 (523.24)	V (M³/KG) H (KJ/KG) S [KJ/(KG K)]		0.0512 2833.1 6.1228	0.0532 2871.5 6.1858	0.0551 2906.4 6.2455	0.0569 2938.7 6.3020	0.0585 2968.8 6.3557	0.0601 2997.3 6.4069	0.0617 3024.3 6.4557
5.0 (536.86)	V (M³/KG) H (KJ/KG) S [KJ/(KG K)]			0.0400 2813.4 6.0050	0.0418 2856.7 6.0732	0.0435 2895.8 6.1373	0.0450 2931.4 6.1978	0.0465 2964.2 6.2550	0.0479 2994.9 6.3092
6.0 (548.57)	V (M³/KG) H (KJ/KG) S [KJ/(KG K)]				0.0327 2796.7 5.9101	0.0343 2844.5 5.9829	0.0359 2887.2 6.0512	0.0372 2925.8 6.1152	0.0385 2961.1 6.1755
7.0 (558.91)	V (M³/KG) H (KJ/KG) S [KJ/(KG K)]					0.0276 2783.6 5.8327	0.0291 2835.2 5.9096	0.0305 2881.0 5.9814	0.0318 2922.2 6.0486
8.0 (568.21)	V (M³/KG) H (KJ/KG) S [KJ/(KG K)]						0.0238 2774.3 5.7694	0.0253 2829.1 5.8499	0.0265 2877.6 5.9248
9.0 (576.71)	V (M³/KG) H (KJ/KG) S [KJ/(KG K)]							0.0210 2769.1 5.7181	0.0224 2826.4 5.8015

		Temperature (K)							
P (MPA) (T(S)(K))		600	610	620	630	640	650	660	670
3.0 (506.76)	V (M³/KG)	0.0864	0.0882	0.0900	0.0918	0.0935	0.0953	0.0970	0.0987
	H (KJ/KG)	3073.6	3096.9	3119.8	3142.4	3164.8	3187.0	3209.2	3231.2
	S [KJ/(KG K)]	6.6690	6.7102	6.7501	6.7888	6.8263	6.8627	6.8982	6.9329
4.0 (523.24)	V (M³/KG)	0.0632	0.0646	0.0661	0.0675	0.0689	0.0702	0.0716	0.0729
	H (KJ/KG)	3050.3	3075.4	3099.9	3123.8	3147.3	3170.5	3193.5	3216.2
	S [KJ/(KG K)]	6.5025	6.5474	6.5905	6.6320	6.6721	6.7108	6.7483	6.7847
5.0 (536.86)	V (M³/KG)	0.0492	0.0504	0.0517	0.0529	0.0540	0.0552	0.0563	0.0574
	H (KJ/KG)	3023.9	3051.4	3077.9	3103.5	3128.5	3152.8	3176.8	3200.4
	S [KJ/(KG K)]	6.3607	6.4098	6.4566	6.5015	6.5445	6.5859	6.6258	6.6643
6.0 (548.57)	V (M³/KG)	0.0398	0.0409	0.0420	0.0431	0.0441	0.0451	0.0461	0.0471
	H (KJ/KG)	2993.9	3024.6	3053.6	3081.3	3108.0	3133.8	3159.0	3183.7
	S [KJ/(KG K)]	6.2324	6.2863	6.3375	6.3862	6.4326	6.4770	6.5195	6.5604
7.0 (558.91)	V (M³/KG)	0.0329	0.0340	0.0351	0.0361	0.0370	0.0379	0.0388	0.0397
	H (KJ/KG)	2959.8	2994.3	3026.6	3056.9	3085.7	3113.4	3140.1	3166.0
	S [KJ/(KG K)]	6.1117	6.1710	6.2270	6.2800	6.3302	6.3780	6.4236	6.4672
8.0 (568.21)	V (M³/KG)	0.0277	0.0288	0.0298	0.0307	0.0316	0.0325	0.0333	0.0341
	H (KJ/KG)	2921.0	2960.3	2996.4	3030.0	3061.4	3091.2	3119.7	3147.1
	S [KJ/(KG K)]	5.9947	6.0601	6.1215	6.1793	6.2339	6.2855	6.3344	6.3810
9.0 (576.71)	V (M³/KG)	0.0236	0.0246	0.0256	0.0265	0.0274	0.0282	0.0290	0.0298
	H (KJ/KG)	2876.9	2922.0	2962.8	3000.2	3034.8	3067.2	3097.8	3127.0
	S [KJ/(KG K)]	5.8790	5.9512	6.0187	6.0818	6.1411	6.1969	6.2496	6.2995

Continued

TABLE AIV.1 *(Continued)* Properties of Superheated Steam

P (MPA) (T(S)(K))		Temperature (K)							
		680	690	700	710	720	730	740	750
3.0 (506.76)	V (M³/KG)	0.1004	0.1021	0.1038	0.1055	0.1072	0.1089	0.1105	0.1122
	H (KJ/KG)	3253.2	3275.1	3297.1	3319.0	3341.0	3363.0	3384.9	3407.0
	S [KJ/(KG K)]	6.9666	6.9996	7.0319	7.0635	7.0945	7.1249	7.1548	7.1842
4.0 (523.24)	V (M³/KG)	0.0743	0.0756	0.0769	0.0782	0.0795	0.0808	0.0821	0.0833
	H (KJ/KG)	3238.8	3261.4	3283.8	3306.2	3328.6	3350.9	3373.3	3395.7
	S [KJ/(KG K)]	6.8201	6.8545	6.8880	6.9208	6.9528	6.9841	7.0147	7.0448
5.0 (536.86)	V (M³/KG)	0.0586	0.0596	0.0607	0.0618	0.0629	0.0639	0.0650	0.0660
	H (KJ/KG)	3223.8	3247.0	3270.0	3293.0	3315.8	3338.6	3361.4	3384.1
	S [KJ/(KG K)]	6.7015	6.7375	6.7726	6.8066	6.8397	6.8721	6.9036	6.9345
6.0 (548.57)	V (M³/KG)	0.0481	0.0490	0.0499	0.0509	0.0518	0.0527	0.0536	0.0545
	H (KJ/KG)	3208.0	3232.0	3255.7	3279.2	3302.6	3325.9	3349.1	3372.3
	S [KJ/(KG K)]	6.5997	6.6377	6.6744	6.7099	6.7444	6.7778	6.8105	6.8423
7.0 (558.91)	V (M³/KG)	0.0406	0.0414	0.0422	0.0430	0.0439	0.0447	0.0455	0.0462
	H (KJ/KG)	3191.4	3216.2	3240.8	3265.0	3289.0	3312.8	3336.5	3360.2
	S [KJ/(KG K)]	6.5089	6.5490	6.5875	6.6247	6.6607	6.6955	6.7293	6.7622
8.0 (568.21)	V (M³/KG)	0.0349	0.0357	0.0364	0.0372	0.0379	0.0386	0.0393	0.0401
	H (KJ/KG)	3173.8	3199.7	3225.2	3250.2	3274.9	3299.3	3323.6	3347.7
	S [KJ/(KG K)]	6.4254	6.4678	6.5085	6.5476	6.5852	6.6216	6.6567	6.6907
9.0 (576.71)	V (M³/KG)	0.0305	0.0312	0.0319	0.0326	0.0333	0.0339	0.0346	0.0352
	H (KJ/KG)	3155.1	3182.3	3208.8	3234.8	3260.3	3285.4	3310.3	3334.9
	S [KJ/(KG K)]	6.3469	6.3919	6.4350	6.4761	6.5156	6.5536	6.5902	6.6255

		Temperature (K)							
P (MPA) ($T(S)(K)$)		760	770	780	790	800	810	820	830
3.0 (506.76)	V (M³/KG)	0.1139	0.1155	0.1172	0.1188	0.1204	0.1221	0.1237	0.1253
	H (KJ/KG)	3429.0	3451.1	3473.3	3495.5	3517.7	3540.0	3562.4	3584.8
	S [KJ/(KG K)]	7.2130	7.2415	7.2695	7.2971	7.3243	7.3512	7.3777	7.4039
4.0 (523.24)	V (M³/KG)	0.0846	0.0859	0.0871	0.0884	0.0897	0.0909	0.0922	0.0934
	H (KJ/KG)	3418.1	3440.5	3462.9	3485.4	3507.9	3530.5	3553.1	3575.7
	S [KJ/(KG K)]	7.0743	7.1033	7.1318	7.1598	7.1874	7.2146	7.2415	7.2680
5.0 (536.86)	V (M³/KG)	0.0671	0.0681	0.0691	0.0702	0.0712	0.0722	0.0732	0.0742
	H (KJ/KG)	3406.9	3429.6	3452.4	3475.2	3498.0	3520.8	3543.7	3566.6
	S [KJ/(KG K)]	6.9647	6.9943	7.0234	7.0520	7.0800	7.1076	7.1349	7.1617
6.0 (548.57)	V (M³/KG)	0.0554	0.0563	0.0571	0.0580	0.0589	0.0597	0.0606	0.0615
	H (KJ/KG)	3395.4	3418.5	3441.6	3464.7	3487.8	3511.0	3534.1	3557.3
	S [KJ/(KG K)]	6.8733	6.9037	6.9334	6.9625	6.9911	7.0192	7.0468	7.0740
7.0 (558.91)	V (M³/KG)	0.0470	0.0478	0.0486	0.0493	0.0501	0.0509	0.0516	0.0524
	H (KJ/KG)	3383.7	3407.2	3430.7	3454.1	3477.5	3501.0	3524.4	3547.9
	S [KJ/(KG K)]	6.7942	6.8253	6.8558	6.8856	6.9148	6.9433	6.9714	6.9990
8.0 (568.21)	V (M³/KG)	0.0408	0.0414	0.0421	0.0428	0.0435	0.0442	0.0448	0.0455
	H (KJ/KG)	3371.7	3395.6	3419.5	3443.3	3467.1	3490.8	3514.6	3538.3
	S [KJ/(KG K)]	6.7237	6.7558	6.7871	6.8176	6.8474	6.8766	6.9052	6.9333
9.0 (576.71)	V (M³/KG)	0.0359	0.0365	0.0371	0.0378	0.0384	0.0390	0.0396	0.0402
	H (KJ/KG)	3359.4	3383.8	3408.1	3432.2	3456.4	3480.5	3504.6	3528.6
	S [KJ/(KG K)]	6.6597	6.6928	6.7250	6.7563	6.7869	6.8167	6.8459	6.8744

Continued

TABLE AIV.1 *(Continued)* Properties of Superheated Steam

P (MPA) (T(S)(K))		Temperature (K)							
		840	850	860	870	880	890	900	910
3.0 (506.76)	V (M³/KG) H (KJ/KG) S [KJ/(KG K)]	0.1270 3607.2 7.4299	0.1286 3629.7 7.4555	0.1302 3652.3 7.4809	0.1318 3674.9 7.5060	0.1334 3697.5 7.5309	0.1350 3720.2 7.5556	0.1367 3743.0 7.5800	0.1383 3765.8 7.6042
4.0 (523.24)	V (M³/KG) H (KJ/KG) S [KJ/(KG K)]	0.0946 3598.4 7.2941	0.0959 3621.2 7.3200	0.0971 3644.0 7.3456	0.0983 3666.8 7.3709	0.0996 3689.7 7.3959	0.1008 3712.6 7.4207	0.1020 3735.6 7.4453	0.1033 3758.6 7.4696
5.0 (536.86)	V (M³/KG) H (KJ/KG) S [KJ/(KG K)]	0.0753 3589.5 7.1881	0.0763 3612.5 7.2142	0.0773 3635.5 7.2400	0.0783 3658.6 7.2655	0.0793 3681.7 7.2907	0.0803 3704.9 7.3157	0.0812 3728.1 7.3404	0.0822 3751.3 7.3648
6.0 (548.57)	V (M³/KG) H (KJ/KG) S [KJ/(KG K)]	0.0623 3580.5 7.1007	0.0632 3603.8 7.1272	0.0640 3627.0 7.1532	0.0649 3650.3 7.1789	0.0657 3673.7 7.2043	0.0666 3697.1 7.2295	0.0674 3720.5 7.2543	0.0682 3744.0 7.2789
7.0 (558.91)	V (M³/KG) H (KJ/KG) S [KJ/(KG K)]	0.0531 3571.4 7.0262	0.0538 3594.9 7.0529	0.0546 3618.4 7.0792	0.0553 3642.0 7.1052	0.0560 3665.6 7.1308	0.0568 3689.2 7.1562	0.0575 3712.8 7.1812	0.0582 3736.5 7.2060
8.0 (568.21)	V (M³/KG) H (KJ/KG) S [KJ/(KG K)]	0.0462 3562.1 6.9608	0.0468 3585.9 6.9879	0.0475 3609.7 7.0145	0.0482 3633.5 7.0408	0.0488 3657.3 7.0667	0.0495 3681.2 7.0923	0.0501 3705.1 7.1175	0.0507 3729.0 7.1424
9.0 (576.71)	V (M³/KG) H (KJ/KG) S [KJ/(KG K)]	0.0408 3552.7 6.9024	0.0414 3576.8 6.9299	0.0420 3600.8 6.9569	0.0426 3624.9 6.9835	0.0432 3649.0 7.0097	0.0437 3673.1 7.0355	0.0443 3697.3 7.0609	0.0449 3721.4 7.0861

		Temperature (K)							
P (MPA) (T(S)(K))		920	930	940	950	960	970	980	990
3.0 (506.76)	V (M³/KG) H (KJ/KG) S [KJ/(KG K)]	0.1399 3788.7 7.6283	0.1415 3811.6 7.6521	0.1431 3834.6 7.6758	0.1447 3857.7 7.6993	0.1462 3880.8 7.7227	0.1478 3903.9 7.7459	0.1494 3927.1 7.7689	0.1510 3950.4 7.7918
4.0 (523.24)	V (M³/KG) H (KJ/KG) S [KJ/(KG K)]	0.1045 3781.7 7.4937	0.1057 3804.8 7.5177	0.1069 3828.0 7.5414	0.1081 3851.2 7.5650	0.1093 3874.5 7.5884	0.1105 3897.8 7.6117	0.1117 3921.2 7.6348	0.1129 3944.7 7.6577
5.0 (536.86)	V (M³/KG) H (KJ/KG) S [KJ/(KG K)]	0.0832 3774.6 7.3891	0.0842 3797.9 7.4131	0.0852 3821.3 7.4370	0.0862 3844.7 7.4606	0.0871 3868.2 7.4841	0.0881 3891.7 7.5074	0.0891 3915.3 7.5306	0.0901 3938.9 7.5536
6.0 (548.57)	V (M³/KG) H (KJ/KG) S [KJ/(KG K)]	0.0691 3767.5 7.3033	0.0699 3791.0 7.3274	0.0707 3814.6 7.3514	0.0716 3838.2 7.3751	0.0724 3861.9 7.3987	0.0732 3885.6 7.4221	0.0740 3909.3 7.4453	0.0748 3933.1 7.4683
7.0 (558.91)	V (M³/KG) H (KJ/KG) S [KJ/(KG K)]	0.0590 3760.2 7.2305	0.0597 3784.0 7.2547	0.0604 3807.8 7.2788	0.0611 3831.6 7.3026	0.0618 3855.5 7.3263	0.0625 3879.4 7.3497	0.0633 3903.3 7.3730	0.0640 3927.3 7.3962
8.0 (568.21)	V (M³/KG) H (KJ/KG) S [KJ/(KG K)]	0.0514 3753.0 7.1671	0.0520 3776.9 7.1915	0.0527 3800.9 7.2157	0.0533 3825.0 7.2397	0.0539 3849.0 7.2634	0.0545 3873.1 7.2869	0.0552 3897.2 7.3103	0.0558 3921.4 7.3335
9.0 (576.71)	V (M³/KG) H (KJ/KG) S [KJ/(KG K)]	0.0455 3745.6 7.1109	0.0461 3769.8 7.1355	0.0466 3794.0 7.1598	0.0472 3818.3 7.1839	0.0478 3842.5 7.2077	0.0483 3866.8 7.2314	0.0489 3891.1 7.2548	0.0495 3915.5 7.2781

Continued

TABLE AIV.1 *(Continued)* Properties of Superheated Steam

P (MPA) (T(S)/K)		Temperature (K)							
		1000	1010	1020	1030	1040	1050	1060	1070
3.0 (506.76)	V (M³/KG) H (KJ/KG) S [KJ/(KG K)]	0.1526 3973.7 7.8146	0.1542 3997.1 7.8373	0.1558 4020.5 7.8598	0.1573 4044.0 7.8822	0.1589 4067.5 7.9045	0.1605 4091.1 7.9267	0.1621 4114.8 7.9488	0.1637 4138.5 7.9708
4.0 (523.24)	V (M³/KG) H (KJ/KG) S [KJ/(KG K)]	0.1141 3968.1 7.6805	0.1153 3991.7 7.7032	0.1165 4015.3 7.7258	0.1177 4038.9 7.7482	0.1189 4062.6 7.7705	0.1201 4086.3 7.7928	0.1213 4110.1 7.8149	0.1225 4134.0 7.8369
5.0 (536.86)	V (M³/KG) H (KJ/KG) S [KJ/(KG K)]	0.0910 3962.6 7.5764	0.0920 3986.3 7.5991	0.0930 4010.0 7.6217	0.0939 4033.8 7.6442	0.0949 4057.6 7.6666	0.0959 4081.5 7.6888	0.0968 4105.5 7.7109	0.0978 4129.4 7.7330
6.0 (548.57)	V (M³/KG) H (KJ/KG) S [KJ/(KG K)]	0.0757 3956.9 7.4912	0.0765 3980.8 7.5140	0.0773 4004.7 7.5366	0.0781 4028.7 7.5591	0.0789 4052.7 7.5815	0.0797 4076.7 7.6038	0.0805 4100.8 7.6260	0.0813 4124.9 7.6480
7.0 (558.91)	V (M³/KG) H (KJ/KG) S [KJ/(KG K)]	0.0647 3951.3 7.4191	0.0654 3975.3 7.4419	0.0661 3999.4 7.4646	0.0668 4023.5 7.4872	0.0675 4047.7 7.5096	0.0682 4071.9 7.5319	0.0689 4096.1 7.5540	0.0696 4120.4 7.5761
8.0 (568.21)	V (M³/KG) H (KJ/KG) S [KJ/(KG K)]	0.0564 3945.6 7.3565	0.0571 3969.8 7.3794	0.0577 3994.1 7.4021	0.0583 4018.4 7.4247	0.0589 4042.7 7.4472	0.0595 4067.0 7.4695	0.0601 4091.4 7.4917	0.0608 4115.8 7.5138
9.0 (576.71)	V (M³/KG) H (KJ/KG) S [KJ/(KG K)]	0.0500 3939.9 7.3012	0.0506 3964.3 7.3241	0.0511 3988.7 7.3469	0.0517 4013.2 7.3696	0.0522 4037.6 7.3921	0.0528 4062.1 7.4144	0.0533 4086.7 7.4367	0.0539 4111.3 7.4588

Temperature (K)

P (MPA) (T(S)(K))		1080	1090	1100	1110	1120	1130	1140	1150
3.0 (506.76)	V (M³/KG) H (KJ/KG) S [KJ/(KG K)]	0.1652 4162.2 7.9927	0.1668 4186.1 8.0145	0.1684 4209.9 8.0362	0.1699 4233.8 8.0578	0.1715 4257.8 8.0793	0.1731 4281.9 8.1007	0.1746 4306.0 8.1221	0.1762 4330.1 8.1433
4.0 (523.24)	V (M³/KG) H (KJ/KG) S [KJ/(KG K)]	0.1237 4157.9 7.8588	0.1249 4181.8 7.8806	0.1261 4205.8 7.9023	0.1272 4229.8 7.9239	0.1284 4253.9 7.9455	0.1296 4278.1 7.9669	0.1308 4302.3 7.9882	0.1320 4326.5 8.0095
5.0 (536.86)	V (M³/KG) H (KJ/KG) S [KJ/(KG K)]	0.0987 4153.5 7.7549	0.0997 4177.5 7.7767	0.1007 4201.7 7.7984	0.1016 4225.8 7.8201	0.1026 4250.0 7.8416	0.1035 4274.3 7.8631	0.1045 4298.6 7.8844	0.1054 4323.0 7.9057
6.0 (548.57)	V (M³/KG) H (KJ/KG) S [KJ/(KG K)]	0.0821 4149.1 7.6699	0.0829 4173.3 7.6918	0.0837 4197.5 7.7135	0.0845 4221.8 7.7352	0.0853 4246.2 7.7567	0.0861 4270.5 7.7782	0.0869 4294.9 7.7996	0.0877 4319.4 7.8209
7.0 (558.91)	V (M³/KG) H (KJ/KG) S [KJ/(KG K)]	0.0703 4144.7 7.5981	0.0710 4169.0 7.6199	0.0716 4193.4 7.6417	0.0723 4217.8 7.6634	0.0730 4242.3 7.6849	0.0737 4266.7 7.7064	0.0744 4291.3 7.7278	0.0751 4315.8 7.7491
8.0 (568.21)	V (M³/KG) H (KJ/KG) S [KJ/(KG K)]	0.0614 4140.3 7.5358	0.0620 4164.7 7.5577	0.0626 4189.3 7.5795	0.0632 4213.8 7.6011	0.0638 4238.4 7.6227	0.0644 4263.0 7.6442	0.0650 4287.6 7.6656	0.0656 4312.3 7.6869
9.0 (576.71)	V (M³/KG) H (KJ/KG) S [KJ/(KG K)]	0.0544 4135.8 7.4808	0.0550 4160.5 7.5027	0.0555 4185.1 7.5245	0.0561 4209.8 7.5462	0.0566 4234.5 7.5678	0.0572 4259.2 7.5893	0.0577 4284.0 7.6107	0.0582 4308.7 7.6320

Continued

TABLE AIV.1 *(Continued)* Properties of Superheated Steam

P (MPA) (T(S)(K))		685	690	695	700	705	710	715	720
10.0 (584.54)	V (M³/KG)	0.0273	0.0277	0.0280	0.0283	0.0286	0.0289	0.0293	0.0296
	H (KJ/KG)	3149.7	3163.9	3177.9	3191.7	3205.2	3218.6	3231.9	3245.0
	S [KJ/(KG K)]	6.2960	6.3197	6.3428	6.3653	6.3873	6.4088	6.4298	6.4503
11.0 (591.82)	V (M³/KG)	0.0244	0.0247	0.0250	0.0253	0.0256	0.0259	0.0262	0.0265
	H (KJ/KG)	3129.5	3144.5	3159.2	3173.6	3187.8	3201.8	3215.6	3229.2
	S [KJ/(KG K)]	6.2247	6.2499	6.2744	6.2983	6.3216	6.3443	6.3664	6.3881
12.0 (598.65)	V (M³/KG)	0.0219	0.0222	0.0225	0.0228	0.0231	0.0234	0.0237	0.0240
	H (KJ/KG)	3108.0	3123.9	3139.4	3154.6	3169.5	3184.1	3198.5	3212.7
	S [KJ/(KG K)]	6.1547	6.1817	6.2078	6.2332	6.2579	6.2819	6.3053	6.3281
13.0 (605.08)	V (M³/KG)	0.0198	0.0201	0.0204	0.0207	0.0210	0.0213	0.0216	0.0218
	H (KJ/KG)	3085.0	3102.0	3118.5	3134.5	3150.2	3165.6	3180.7	3195.5
	S [KJ/(KG K)]	6.0855	6.1143	6.1421	6.1692	6.1954	6.2208	6.2456	6.2697
14.0 (611.16)	V (M³/KG)	0.0180	0.0183	0.0186	0.0189	0.0192	0.0194	0.0197	0.0200
	H (KJ/KG)	3060.5	3078.7	3096.3	3113.3	3129.9	3146.1	3161.9	3177.4
	S [KJ/(KG K)]	6.0165	6.0472	6.0769	6.1057	6.1336	6.1606	6.1869	6.2123
15.0 (616.95)	V (M³/KG)	0.0164	0.0167	0.0170	0.0173	0.0176	0.0178	0.0181	0.0184
	H (KJ/KG)	3034.3	3053.9	3072.7	3090.8	3108.5	3125.6	3142.2	3158.5
	S [KJ/(KG K)]	5.9472	5.9800	6.0117	6.0424	6.0721	6.1008	6.1286	6.1556
20.0 (642.4)	V (M³/KG)	0.0106	0.0109	0.0112	0.0115	0.0118	0.0121	0.0123	0.0126
	H (KJ/KG)	2872.5	2901.8	2929.4	2955.6	2980.5	3004.2	3026.8	3048.5
	S [KJ/(KG K)]	5.5838	5.6298	5.6738	5.7162	5.7568	5.7959	5.8335	5.8697

Temperature (K)

P (MPA) (T(S)(K))		Temperature (K)							
		730	740	750	760	770	780	790	800
10.0 (584.54)	V (M³/KG) H (KJ/KG) S [KJ/(KG K)]	0.0302 3271.0 6.4901	0.0308 3296.5 6.5283	0.0314 3321.8 6.5650	0.0320 3346.8 6.6005	0.0326 3371.7 6.6347	0.0331 3396.4 6.6679	0.0337 3421.0 6.7002	0.0343 3445.5 6.7315
11.0 (591.82)	V (M³/KG) H (KJ/KG) S [KJ/(KG K)]	0.0271 3256.0 6.4298	0.0277 3282.3 6.4698	0.0282 3308.3 6.5081	0.0288 3333.9 6.5450	0.0293 3359.3 6.5805	0.0298 3384.5 6.6148	0.0304 3409.5 6.6480	0.0309 3434.5 6.6802
12.0 (598.65)	V (M³/KG) H (KJ/KG) S [KJ/(KG K)]	0.0245 3240.5 6.3720	0.0251 3267.6 6.4139	0.0256 3294.3 6.4539	0.0261 3320.6 6.4923	0.0266 3346.6 6.5292	0.0271 3372.3 6.5647	0.0276 3397.8 6.5990	0.0281 3423.2 6.6321
13.0 (605.08)	V (M³/KG) H (KJ/KG) S [KJ/(KG K)]	0.0223 3224.3 6.3160	0.0229 3252.4 6.3599	0.0234 3279.9 6.4018	0.0238 3306.9 6.4419	0.0243 3333.5 6.4802	0.0248 3359.8 6.5170	0.0253 3385.9 6.5524	0.0257 3411.7 6.5866
14.0 (611.16)	V (M³/KG) H (KJ/KG) S [KJ/(KG K)]	0.0205 3207.5 6.2611	0.0210 3236.7 6.3074	0.0214 3265.1 6.3513	0.0219 3292.8 6.3931	0.0224 3320.1 6.4330	0.0228 3347.0 6.4712	0.0233 3373.6 6.5079	0.0237 3400.0 6.5432
15.0 (616.95)	V (M³/KG) H (KJ/KG) S [KJ/(KG K)]	0.0188 3190.0 6.2071	0.0193 3220.3 6.2558	0.0198 3249.7 6.3019	0.0202 3278.3 6.3456	0.0207 3306.4 6.3872	0.0211 3334.0 6.4270	0.0215 3361.1 6.4650	0.0219 3388.0 6.5015
20.0 (642.4)	V (M³/KG) H (KJ/KG) S [KJ/(KG K)]	0.0130 3089.5 5.9381	0.0135 3127.8 6.0018	0.0139 3163.9 6.0612	0.0143 3198.3 6.1168	0.0147 3231.2 6.1690	0.0150 3263.0 6.2181	0.0154 3293.9 6.2645	0.0157 3324.1 6.3084

Continued

TABLE AIV.1 *(Continued)* Properties of Superheated Steam

P (MPA) (T(S)/K)		Temperature (K)							
		810	820	830	840	850	860	870	880
10.0 (584.54)	V (M³/KG) H (KJ/KG) S [KJ/(KG K)]	0.0348 3470.0 6.7620	0.0354 3494.4 6.7918	0.0359 3518.8 6.8209	0.0365 3543.2 6.8494	0.0370 3567.5 6.8774	0.0376 3591.9 6.9048	0.0381 3616.3 6.9317	0.0386 3640.6 6.9582
11.0 (591.82)	V (M³/KG) H (KJ/KG) S [KJ/(KG K)]	0.0314 3459.3 6.7115	0.0319 3484.1 6.7420	0.0324 3508.8 6.7717	0.0330 3533.5 6.8007	0.0335 3558.2 6.8292	0.0340 3582.8 6.8570	0.0345 3607.5 6.8843	0.0350 3632.1 6.9111
12.0 (598.65)	V (M³/KG) H (KJ/KG) S [KJ/(KG K)]	0.0286 3448.4 6.6643	0.0291 3473.6 6.6955	0.0295 3498.7 6.7259	0.0300 3523.7 6.7555	0.0305 3548.7 6.7845	0.0310 3573.7 6.8128	0.0314 3598.6 6.8405	0.0319 3623.5 6.8677
13.0 (605.08)	V (M³/KG) H (KJ/KG) S [KJ/(KG K)]	0.0262 3437.4 6.6197	0.0266 3462.9 6.6518	0.0271 3488.4 6.6829	0.0275 3513.8 6.7131	0.0280 3539.1 6.7427	0.0284 3564.4 6.7715	0.0288 3589.6 6.7997	0.0293 3614.8 6.8273
14.0 (611.16)	V (M³/KG) H (KJ/KG) S [KJ/(KG K)]	0.0241 3426.1 6.5773	0.0246 3452.1 6.6102	0.0250 3477.9 6.6421	0.0254 3503.7 6.6731	0.0258 3529.3 6.7032	0.0262 3554.9 6.7326	0.0266 3580.5 6.7613	0.0270 3606.0 6.7893
15.0 (616.95)	V (M³/KG) H (KJ/KG) S [KJ/(KG K)]	0.0223 3414.6 6.5367	0.0228 3441.0 6.5705	0.0232 3467.3 6.6033	0.0235 3493.4 6.6350	0.0239 3519.5 6.6658	0.0243 3545.4 6.6958	0.0247 3571.3 6.7250	0.0251 3597.1 6.7535
20.0 (642.4)	V (M³/KG) H (KJ/KG) S [KJ/(KG K)]	0.0161 3353.6 6.3501	0.0164 3382.7 6.3899	0.0168 3411.4 6.4278	0.0171 3439.8 6.4642	0.0174 3467.8 6.4991	0.0177 3495.7 6.5327	0.0180 3523.4 6.5651	0.0183 3550.9 6.5965

P (MPA) (T(S)(K))		Temperature (K)							
		890	900	910	920	930	940	950	960
10.0 (584.54)	V (M³/KG) H (KJ/KG) S [KJ/(KG K)]	0.0392 3665.0 6.9843	0.0397 3689.4 7.0100	0.0402 3713.8 7.0353	0.0408 3738.2 7.0604	0.0413 3762.6 7.0851	0.0418 3787.0 7.1096	0.0423 3811.5 7.1338	0.0428 3836.0 7.1578
11.0 (591.82)	V (M³/KG) H (KJ/KG) S [KJ/(KG K)]	0.0354 3656.7 6.9375	0.0359 3681.4 6.9635	0.0364 3706.0 6.9891	0.0369 3730.7 7.0144	0.0374 3755.3 7.0393	0.0379 3780.0 7.0639	0.0383 3804.7 7.0883	0.0388 3829.4 7.1124
12.0 (598.65)	V (M³/KG) H (KJ/KG) S [KJ/(KG K)]	0.0323 3648.4 6.8944	0.0328 3673.3 6.9207	0.0332 3698.2 6.9465	0.0337 3723.1 6.9720	0.0341 3748.0 6.9972	0.0346 3772.9 7.0220	0.0350 3797.8 7.0465	0.0355 3822.7 7.0708
13.0 (605.08)	V (M³/KG) H (KJ/KG) S [KJ/(KG K)]	0.0297 3640.0 6.8543	0.0301 3665.2 6.8809	0.0305 3690.3 6.9071	0.0310 3715.5 6.9328	0.0314 3740.6 6.9582	0.0318 3765.8 6.9832	0.0322 3790.9 7.0079	0.0326 3816.0 7.0323
14.0 (611.16)	V (M³/KG) H (KJ/KG) S [KJ/(KG K)]	0.0274 3631.5 6.8168	0.0278 3656.9 6.8437	0.0282 3682.3 6.8701	0.0286 3707.8 6.8962	0.0290 3733.2 6.9218	0.0294 3758.5 6.9470	0.0298 3783.9 6.9719	0.0302 3809.3 6.9965
15.0 (616.95)	V (M³/KG) H (KJ/KG) S [KJ/(KG K)]	0.0255 3622.9 6.7813	0.0259 3648.6 6.8086	0.0262 3674.3 6.8354	0.0266 3700.0 6.8617	0.0270 3725.6 6.8876	0.0273 3751.3 6.9131	0.0277 3776.9 6.9382	0.0281 3802.5 6.9629
20.0 (642.4)	V (M³/KG) H (KJ/KG) S [KJ/(KG K)]	0.0186 3578.3 6.6270	0.0189 3605.6 6.6566	0.0192 3632.8 6.6854	0.0195 3659.9 6.7135	0.0198 3687.0 6.7410	0.0201 3713.9 6.7678	0.0204 3740.8 6.7942	0.0207 3767.7 6.8201

Continued

TABLE AIV.1 *(Continued)* Properties of Superheated Steam

P (MPA) (T(S)(K))		Temperature (K)							
		970	980	990	1000	1010	1020	1030	1040
10.0 (584.54)	V (M³/KG)	0.0434	0.0439	0.0444	0.0449	0.0454	0.0459	0.0464	0.0469
	H (KJ/KG)	3860.5	3885.0	3909.5	3934.1	3958.7	3983.3	4007.9	4032.6
	S [KJ/(KG K)]	7.1815	7.2051	7.2284	7.2516	7.2746	7.2974	7.3201	7.3427
11.0 (591.82)	V (M³/KG)	0.0393	0.0398	0.0402	0.0407	0.0412	0.0416	0.0421	0.0425
	H (KJ/KG)	3854.1	3878.8	3903.6	3928.3	3953.1	3977.9	4002.7	4027.5
	S [KJ/(KG K)]	7.1363	7.1599	7.1834	7.2066	7.2297	7.2526	7.2753	7.2979
12.0 (598.65)	V (M³/KG)	0.0359	0.0363	0.0368	0.0372	0.0376	0.0381	0.0385	0.0389
	H (KJ/KG)	3847.7	3872.6	3897.5	3922.5	3947.5	3972.4	3997.4	4022.4
	S [KJ/(KG K)]	7.0948	7.1185	7.1421	7.1654	7.1886	7.2116	7.2344	7.2570
13.0 (605.08)	V (M³/KG)	0.0330	0.0334	0.0338	0.0342	0.0346	0.0350	0.0354	0.0358
	H (KJ/KG)	3841.2	3866.3	3891.5	3916.6	3941.8	3967.0	3992.1	4017.3
	S [KJ/(KG K)]	7.0564	7.0803	7.1040	7.1274	7.1507	7.1737	7.1966	7.2193
14.0 (611.16)	V (M³/KG)	0.0306	0.0309	0.0313	0.0317	0.0321	0.0324	0.0328	0.0332
	H (KJ/KG)	3834.7	3860.0	3885.4	3910.7	3936.1	3961.5	3986.8	4012.2
	S [KJ/(KG K)]	7.0208	7.0448	7.0686	7.0921	7.1154	7.1386	7.1615	7.1843
15.0 (616.95)	V (M³/KG)	0.0284	0.0288	0.0291	0.0295	0.0299	0.0302	0.0306	0.0309
	H (KJ/KG)	3828.1	3853.7	3879.2	3904.8	3930.4	3955.9	3981.5	4007.0
	S [KJ/(KG K)]	6.9874	7.0115	7.0354	7.0591	7.0825	7.1058	7.1288	7.1517
20.0 (642.4)	V (M³/KG)	0.0210	0.0212	0.0215	0.0218	0.0221	0.0224	0.0226	0.0229
	H (KJ/KG)	3794.5	3821.3	3848.0	3874.6	3901.3	3927.9	3954.4	3980.9
	S [KJ/(KG K)]	6.8456	6.8706	6.8953	6.9197	6.9438	6.9675	6.9911	7.0144

APPENDIX V

THERMODYNAMIC PROPERTY EQUATIONS FOR AIR*

Specific Heat at Constant Pressure CP(T)

$$CP(T) = \sum_{N=0}^{4} A(N)T^N$$

A(0) = 0.103409E1   A(2) = 0.7816818E-6
A(1) = −0.2848870E-3   A(3) = −0.4970786E-9
A(4) = 0.1077024E-12

Specific Heat at Constant Volume CV(T)

$$CV(T) = CP(T) - R, \quad R = 0.287040 \quad KJ/(KG\ K)$$

Enthalpy H(T)

$$H(T) = \sum_{N=0}^{3} A(N)T^N$$

A(0) = 0.120740E2   A(2) = 0.115984E-3
A(1) = 0.924502   A(3) = −0.563568E-8

Internal Energy U(T)

$$U(T) = H(T) - RT, \quad R = 0.287040 \quad KJ/(KG\ K)$$

* Range: $250 \leq T \leq 2000$ K.

APPENDIX V

Entropy Function E(T)

$$E(T) = \sum_{N=0}^{1} A(N)T^N + A(2) \text{ LOG } T$$

A(0) = 0.1386989E1   A(2) = 0.95
A(1) = 0.184930E-3

Isentropic Pressure Function IPR(T)

$$IPR(T) = E(T)/R, \quad R = 0.287040 \text{ KJ/(KG K)}$$

Isentropic Volume Function IVR(T)

$$IVR(T) = LOG(RT) - IPR(T), \quad R = 0.287040 \text{ KJ/(KG K)}$$

Temperature as Function of IPR(T), T(IPR)

$$T(IPR) = \sum_{N=0}^{3} A(N)(IPR)^N$$

A(0) = −0.880092E4   A(2) = −0.619391E2
A(1) = 0.126974E4   A(3) = 0.103530E1

Specific Heat Ratio G(T)

$$G(T) = \frac{1}{1 - [R/CP(T)]}, \quad R = 0.287040 \text{ KJ/(KG K)}$$

Speed of Sound A(T)

$$A(T) = [G(T)RT]^{1/2}, \quad R = 0.287040 \text{ KJ/(KG K)}$$

APPENDIX VI

THERMODYNAMIC PROPERTY TABLES FOR AIR

TABLE AVI.1 Properties of Air

T (K)	CP(T) [KJ/(KG K)]	CV(T) [KJ/(KG K)]	H(T) (KJ/KG)	U(T) (KJ/KG)	E(T) [KJ/(KG K)]	IPR(T)	IVR(T)	G(T)	A(T) (M/S)
250	1.0044	0.71733	250.36	178.60	6.6786	23.267	-18.994	1.4001	316.98
255	1.0045	0.71744	255.27	182.08	6.6983	23.336	-19.043	1.4001	320.12
260	1.0046	0.71757	260.19	185.56	6.7177	23.403	-19.091	1.4000	323.24
265	1.0048	0.71772	265.11	189.04	6.7367	23.470	-19.138	1.3999	326.32
270	1.0049	0.71789	270.03	192.53	6.7554	23.535	-19.184	1.3998	329.38
275	1.0051	0.71809	274.97	196.03	6.7738	23.599	-19.230	1.3997	332.40
280	1.0054	0.71831	279.90	199.53	6.7918	23.662	-19.275	1.3996	335.39
285	1.0056	0.71854	284.85	203.04	6.8096	23.723	-19.319	1.3995	338.36
290	1.0059	0.71880	289.80	206.55	6.8270	23.784	-19.362	1.3993	341.29
295	1.0061	0.71908	294.75	210.07	6.8442	23.844	-19.405	1.3992	344.21
300	1.0064	0.71938	299.71	213.60	6.8611	23.903	-19.447	1.3990	347.09
305	1.0067	0.71969	304.68	217.13	6.8777	23.961	-19.489	1.3988	349.95
310	1.0071	0.72003	309.65	220.67	6.8941	24.018	-19.529	1.3986	352.78
315	1.0074	0.72039	314.62	224.21	6.9102	24.074	-19.570	1.3984	355.59
320	1.0078	0.72076	319.61	227.75	6.9261	24.129	-19.609	1.3982	358.37
325	1.0082	0.72115	324.59	231.31	6.9417	24.184	-19.648	1.3980	361.14
330	1.0086	0.72157	329.59	234.86	6.9572	24.238	-19.687	1.3978	363.87
335	1.0090	0.72200	334.59	238.43	6.9724	24.291	-19.725	1.3976	366.59
340	1.0095	0.72244	339.59	241.99	6.9874	24.343	-19.762	1.3973	369.28
345	1.0099	0.72291	344.60	245.57	7.0022	24.394	-19.799	1.3971	371.95
350	1.0104	0.72339	349.62	249.15	7.0168	24.445	-19.835	1.3968	374.60
355	1.0109	0.72389	354.64	252.74	7.0312	24.495	-19.871	1.3965	377.23
360	1.0115	0.72440	359.66	256.33	7.0454	24.545	-19.907	1.3962	379.84
365	1.0120	0.72494	364.70	259.93	7.0594	24.594	-19.942	1.3959	382.43
370	1.0125	0.72548	369.73	263.53	7.0732	24.642	-19.977	1.3956	384.99
375	1.0131	0.72605	374.78	267.14	7.0869	24.690	-20.011	1.3953	387.55
380	1.0137	0.72663	379.82	270.75	7.1004	24.737	-20.045	1.3950	390.08
385	1.0143	0.72723	384.88	274.37	7.1138	24.783	-20.078	1.3947	392.59
390	1.0149	0.72783	389.94	277.99	7.1270	24.829	-20.111	1.3944	395.09
395	1.0155	0.72846	395.00	281.62	7.1399	24.875	-20.144	1.3940	397.56

400	1.0161	0.72910	400.07	285.26	7.1529	24.919	−20.176	1.3937	400.02
405	1.0168	0.72975	405.15	288.90	7.1656	24.964	−20.208	1.3933	402.46
410	1.0175	0.73042	410.23	292.54	7.1782	25.008	−20.240	1.3930	404.89
415	1.0182	0.73110	415.31	296.19	7.1906	25.051	−20.271	1.3926	407.30
420	1.0188	0.73180	420.41	299.85	7.2029	25.094	−20.302	1.3922	409.69
425	1.0196	0.73251	425.50	303.51	7.2151	25.136	−20.332	1.3919	412.06
430	1.0203	0.73323	430.61	307.18	7.2271	25.178	−20.362	1.3915	414.42
435	1.0210	0.73397	435.72	310.85	7.2390	25.220	−20.392	1.3911	416.76
440	1.0218	0.73472	440.83	314.53	7.2508	25.261	−20.422	1.3907	419.09
445	1.0225	0.73548	445.95	318.22	7.2625	25.301	−20.451	1.3903	421.41
450	1.0233	0.73625	451.07	321.91	7.2740	25.341	−20.480	1.3899	423.70
455	1.0241	0.73704	456.20	325.60	7.2854	25.381	−20.509	1.3894	425.99
460	1.0249	0.73783	461.34	329.30	7.2967	25.421	−20.537	1.3890	428.26
465	1.0257	0.73864	466.48	333.01	7.3079	25.460	−20.566	1.3886	430.51
470	1.0265	0.73946	471.63	336.72	7.3190	25.498	−20.594	1.3882	432.75
475	1.0273	0.74030	476.78	340.43	7.3299	25.536	−20.621	1.3877	434.98
480	1.0282	0.74114	481.93	344.16	7.3409	25.574	−20.649	1.3873	437.20
485	1.0290	0.74199	487.10	347.88	7.3516	25.612	−20.676	1.3868	439.40
490	1.0299	0.74286	492.26	351.62	7.3623	25.649	−20.703	1.3864	441.58
495	1.0308	0.74373	497.44	355.35	7.3729	25.686	−20.729	1.3859	443.76
500	1.0317	0.74461	502.62	359.10	7.3833	25.722	−20.756	1.3855	445.92
505	1.0326	0.74551	507.80	362.85	7.3937	25.758	−20.782	1.3850	448.07
510	1.0335	0.74641	512.99	366.60	7.4040	25.794	−20.808	1.3846	450.21
515	1.0344	0.74732	518.18	370.36	7.4142	25.830	−20.834	1.3841	452.33
520	1.0353	0.74825	523.38	374.12	7.4243	25.865	−20.859	1.3836	454.44
525	1.0362	0.74918	528.59	377.89	7.4343	25.899	−20.885	1.3831	456.54
530	1.0372	0.75012	533.80	381.67	7.4442	25.934	−20.910	1.3827	458.63
535	1.0381	0.75107	539.02	385.45	7.4541	25.969	−20.935	1.3822	460.71
540	1.0391	0.75203	544.24	389.24	7.4638	26.003	−20.959	1.3817	462.78
545	1.0400	0.75299	549.47	393.03	7.4735	26.037	−20.984	1.3812	464.83

Continued

TABLE AVI.1 (*Continued*) Properties of Air

T (K)	CP(T) [KJ/(KG K)]	CV(T) [KJ/(KG K)]	H(T) (KJ/KG)	U(T) (KJ/KG)	E(T) [KJ/(KG K)]	IPR(T)	IVR(T)	G(T)	A(T) (M/S)
550	1.0410	0.75396	554.70	396.83	7.4831	26.070	-21.008	1.3807	466.88
555	1.0420	0.75495	559.94	400.63	7.4926	26.103	-21.032	1.3802	468.91
560	1.0430	0.75594	565.18	404.44	7.5021	26.136	-21.056	1.3797	470.93
565	1.0440	0.75693	570.43	408.25	7.5115	26.169	-21.080	1.3792	472.94
570	1.0450	0.75794	575.68	412.07	7.5208	26.201	-21.104	1.3787	474.95
575	1.0460	0.75895	580.94	415.89	7.5299	26.233	-21.127	1.3782	476.94
580	1.0470	0.75997	586.20	419.72	7.5391	26.265	-21.150	1.3777	478.92
585	1.0480	0.76099	591.47	423.55	7.5482	26.297	-21.173	1.3772	480.89
590	1.0491	0.76202	596.75	427.39	7.5572	26.328	-21.196	1.3767	482.85
595	1.0501	0.76306	602.03	431.24	7.5662	26.359	-21.219	1.3762	484.80
600	1.0512	0.76410	607.31	435.09	7.5750	26.390	-21.241	1.3757	486.74
605	1.0522	0.76515	612.60	438.94	7.5838	26.421	-21.264	1.3751	488.68
610	1.0533	0.76621	617.90	442.80	7.5926	26.451	-21.286	1.3746	490.60
615	1.0543	0.76727	623.20	446.67	7.6013	26.482	-21.308	1.3741	492.51
620	1.0554	0.76834	628.51	450.54	7.6099	26.512	-21.330	1.3736	494.42
625	1.0565	0.76941	633.82	454.42	7.6184	26.541	-21.352	1.3731	496.31
630	1.0575	0.77048	639.14	458.30	7.6269	26.571	-21.373	1.3725	498.20
635	1.0586	0.77157	644.46	462.19	7.6354	26.600	-21.395	1.3720	500.08
640	1.0597	0.77265	649.78	466.08	7.6437	26.630	-21.416	1.3715	501.95
645	1.0608	0.77374	655.12	469.98	7.6521	26.659	-21.437	1.3710	503.81
650	1.0619	0.77484	660.46	473.88	7.6603	26.687	-21.458	1.3704	505.66
655	1.0630	0.77594	665.80	477.79	7.6685	26.716	-21.479	1.3699	507.50
660	1.0641	0.77704	671.15	481.70	7.6767	26.744	-21.500	1.3694	509.34
665	1.0652	0.77815	676.50	485.62	7.6848	26.772	-21.521	1.3689	511.17
670	1.0663	0.77926	681.86	489.54	7.6928	26.800	-21.541	1.3683	512.99
675	1.0674	0.78038	687.22	493.47	7.7008	26.828	-21.562	1.3678	514.80
680	1.0685	0.78150	692.59	497.41	7.7087	26.856	-21.582	1.3673	516.60
685	1.0697	0.78262	697.97	501.35	7.7166	26.883	-21.602	1.3668	518.40
690	1.0708	0.78374	703.35	505.29	7.7244	26.911	-21.622	1.3662	520.19
695	1.0719	0.78487	708.73	509.24	7.7322	26.938	-21.642	1.3657	521.97

700	1.0731	0.78600	714.12	513.20	7.7399	26.965	-21.662	1.3652	523.74
705	1.0742	0.78714	719.52	517.16	7.7477	26.992	-21.681	1.3647	525.51
710	1.0753	0.78828	724.92	521.12	7.7553	27.018	-21.701	1.3641	527.26
715	1.0765	0.78941	730.33	525.09	7.7629	27.045	-21.720	1.3636	529.02
720	1.0776	0.79056	735.74	529.07	7.7704	27.071	-21.740	1.3631	530.76
725	1.0787	0.79170	741.15	533.05	7.7779	27.097	-21.759	1.3626	532.50
730	1.0799	0.79284	746.58	537.04	7.7854	27.123	-21.778	1.3620	534.23
735	1.0810	0.79399	752.00	541.03	7.7928	27.149	-21.797	1.3615	535.95
740	1.0822	0.79514	757.43	545.03	7.8002	27.174	-21.816	1.3610	537.67
745	1.0833	0.79629	762.87	549.03	7.8075	27.199	-21.835	1.3605	539.38
750	1.0845	0.79744	768.31	553.03	7.8148	27.225	-21.853	1.3599	541.08
755	1.0856	0.79860	773.76	557.05	7.8220	27.251	-21.872	1.3594	542.78
760	1.0868	0.79975	779.21	561.06	7.8292	27.276	-21.890	1.3589	544.47
765	1.0880	0.80091	784.67	565.09	7.8363	27.301	-21.909	1.3584	546.15
770	1.0891	0.80206	790.13	569.11	7.8435	27.325	-21.927	1.3579	547.83
775	1.0903	0.80322	795.60	573.15	7.8505	27.350	-21.945	1.3574	549.50
780	1.0914	0.80438	801.08	577.18	7.8576	27.374	-21.963	1.3568	551.17
785	1.0926	0.80554	806.55	581.23	7.8646	27.399	-21.981	1.3563	552.83
790	1.0937	0.80670	812.04	585.28	7.8715	27.423	-21.999	1.3558	554.48
795	1.0949	0.80786	817.53	589.33	7.8784	27.447	-22.017	1.3553	556.13
800	1.0961	0.80902	823.02	593.39	7.8853	27.471	-22.035	1.3548	557.77
805	1.0972	0.81018	828.52	597.45	7.8922	27.495	-22.052	1.3543	559.40
810	1.0984	0.81134	834.02	601.52	7.8990	27.519	-22.070	1.3538	561.03
815	1.0995	0.81250	839.53	605.59	7.9057	27.542	-22.087	1.3533	562.66
820	1.1007	0.81366	845.05	609.67	7.9125	27.566	-22.105	1.3528	564.27
825	1.1019	0.81482	850.57	613.76	7.9192	27.589	-22.122	1.3523	565.89
830	1.1030	0.81598	856.09	617.85	7.9258	27.612	-22.139	1.3518	567.49
835	1.1042	0.81713	861.62	621.94	7.9325	27.635	-22.156	1.3513	569.10
840	1.1053	0.81829	867.15	626.04	7.9391	27.658	-22.173	1.3508	570.69
845	1.1065	0.81945	872.69	630.14	7.9456	27.681	-22.190	1.3503	572.28

Continued

TABLE AVI.1 (*Continued*) Properties of Air

T (K)	CP(T) [KJ/(KG K)]	CV(T) [KJ/(KG K)]	H(T) (KJ/KG)	U(T) (KJ/KG)	E(T) [KJ/(KG K)]	IPR(T)	IVR(T)	G(T)	A(T) (M/S)
850	1.1077	0.82060	878.24	634.25	7.9522	27.704	-22.207	1.3498	573.87
855	1.1088	0.82176	883.79	638.37	7.9587	27.727	-22.224	1.3493	575.45
860	1.1099	0.82291	889.34	642.49	7.9651	27.749	-22.240	1.3488	577.03
865	1.1111	0.82407	894.90	646.61	7.9715	27.772	-22.257	1.3483	578.60
870	1.1123	0.82522	900.47	650.74	7.9779	27.794	-22.273	1.3478	580.16
875	1.1134	0.82637	906.04	654.88	7.9843	27.816	-22.290	1.3473	581.72
880	1.1146	0.82752	911.61	659.02	7.9907	27.838	-22.306	1.3469	583.28
885	1.1157	0.82866	917.19	663.16	7.9970	27.860	-22.323	1.3464	584.83
890	1.1169	0.82981	922.78	667.31	8.0032	27.882	-22.339	1.3459	586.37
895	1.1180	0.83095	928.37	671.47	8.0095	27.904	-22.355	1.3454	587.91
900	1.1191	0.83210	933.96	675.63	8.0157	27.925	-22.371	1.3450	589.45
905	1.1203	0.83324	939.56	679.79	8.0219	27.947	-22.387	1.3445	590.98
910	1.1214	0.83438	945.17	683.96	8.0280	27.968	-22.403	1.3440	592.51
915	1.1226	0.83551	950.78	688.14	8.0342	27.990	-22.419	1.3435	594.03
920	1.1237	0.83665	956.40	692.32	8.0403	28.011	-22.435	1.3431	595.55
925	1.1248	0.83778	962.02	696.50	8.0464	28.032	-22.451	1.3426	597.06
930	1.1260	0.83891	967.64	700.70	8.0524	28.053	-22.466	1.3422	598.57
935	1.1271	0.84004	973.27	704.89	8.0584	28.074	-22.482	1.3417	600.07
940	1.1282	0.84116	978.91	709.09	8.0644	28.095	-22.497	1.3412	601.57
945	1.1293	0.84229	984.55	713.30	8.0704	28.116	-22.513	1.3408	603.07
950	1.1305	0.84341	990.19	717.51	8.0763	28.137	-22.528	1.3403	604.56
955	1.1316	0.84452	995.85	721.72	8.0822	28.157	-22.544	1.3399	606.05
960	1.1327	0.84564	1001.5	725.94	8.0881	28.178	-22.559	1.3394	607.53
965	1.1338	0.84675	1007.2	730.17	8.0940	28.198	-22.574	1.3390	609.01
970	1.1349	0.84786	1012.8	734.40	8.0998	28.218	-22.589	1.3385	610.48
975	1.1360	0.84897	1018.5	738.63	8.1056	28.239	-22.604	1.3381	611.95
980	1.1371	0.85007	1024.2	742.87	8.1114	28.259	-22.619	1.3377	613.42
985	1.1382	0.85117	1029.9	747.12	8.1172	28.279	-22.634	1.3372	614.88
990	1.1393	0.85227	1035.5	751.37	8.1229	28.299	-22.649	1.3368	616.34
995	1.1404	0.85337	1041.2	755.62	8.1286	28.319	-22.664	1.3364	617.79

1000	1.1415	0.85446	1046.9	759.88	8.1343	28.339	-22.679	1.3359	619.25
1005	1.1426	0.85555	1052.6	764.15	8.1399	28.358	-22.694	1.3355	620.69
1010	1.1437	0.85663	1058.3	768.42	8.1456	28.378	-22.708	1.3351	622.14
1015	1.1448	0.85771	1064.0	772.69	8.1512	28.397	-22.723	1.3347	623.57
1020	1.1458	0.85879	1069.8	776.97	8.1568	28.417	-22.738	1.3342	625.01
1025	1.1469	0.85987	1075.5	781.26	8.1624	28.436	-22.752	1.3338	626.44
1030	1.1480	0.86094	1081.2	785.55	8.1679	28.456	-22.766	1.3334	627.87
1035	1.1491	0.86201	1086.9	789.84	8.1734	28.475	-22.781	1.3330	629.29
1040	1.1501	0.86308	1092.7	794.14	8.1789	28.494	-22.795	1.3326	630.72
1045	1.1512	0.86414	1098.4	798.45	8.1844	28.513	-22.810	1.3322	632.13
1050	1.1522	0.86520	1104.1	802.76	8.1899	28.532	-22.824	1.3318	633.55
1055	1.1533	0.86625	1109.9	807.07	8.1953	28.551	-22.838	1.3314	634.96
1060	1.1544	0.86730	1115.7	811.39	8.2007	28.570	-22.852	1.3310	636.36
1065	1.1554	0.86835	1121.4	815.72	8.2061	28.589	-22.866	1.3306	637.77
1070	1.1564	0.86939	1127.2	820.04	8.2115	28.608	-22.880	1.3302	639.17
1075	1.1575	0.87043	1132.9	824.38	8.2169	28.626	-22.894	1.3298	640.56
1080	1.1585	0.87147	1138.7	828.72	8.2222	28.645	-22.908	1.3294	641.96
1085	1.1596	0.87250	1144.5	833.06	8.2275	28.663	-22.922	1.3290	643.35
1090	1.1606	0.87353	1150.3	837.41	8.2328	28.682	-22.936	1.3286	644.73
1095	1.1616	0.87455	1156.1	841.76	8.2381	28.700	-22.950	1.3282	646.12
1100	1.1626	0.87557	1161.9	846.12	8.2433	28.718	-22.963	1.3278	647.50
1105	1.1636	0.87659	1167.7	850.49	8.2486	28.737	-22.977	1.3274	648.87
1110	1.1647	0.87761	1173.5	854.85	8.2538	28.755	-22.991	1.3271	650.25
1115	1.1657	0.87861	1179.3	859.23	8.2590	28.773	-23.004	1.3267	651.62
1120	1.1667	0.87962	1185.1	863.60	8.2641	28.791	-23.018	1.3263	652.99
1125	1.1677	0.88062	1190.9	867.99	8.2693	28.809	-23.031	1.3259	654.35
1130	1.1687	0.88162	1196.7	872.37	8.2744	28.827	-23.045	1.3256	655.71
1135	1.1697	0.88261	1202.6	876.77	8.2796	28.845	-23.058	1.3252	657.07
1140	1.1707	0.88360	1208.4	881.16	8.2847	28.862	-23.072	1.3248	658.43
1145	1.1716	0.88459	1214.2	885.57	8.2897	28.880	-23.085	1.3245	659.78

Continued

TABLE AVI.1 *(Continued)* Properties of Air

T (K)	CP(T) [KJ/(KG K)]	CV(T) [KJ/(KG K)]	H(T) (KJ/KG)	U(T) (KJ/KG)	E(T) [KJ/(KG K)]	IPR(T)	IVR(T)	G(T)	A(T) (M/S)
1150	1.1726	0.88857	1220.1	889.97	8.2948	28.898	−23.098	1.3241	661.13
1155	1.1736	0.88655	1225.9	894.38	8.2998	28.915	−23.112	1.3238	662.47
1160	1.1746	0.88752	1231.8	898.80	8.3049	28.933	−23.125	1.3234	663.82
1165	1.1755	0.88849	1237.6	903.22	8.3099	28.950	−23.138	1.3231	665.16
1170	1.1765	0.88946	1243.5	907.65	8.3149	28.968	−23.151	1.3227	666.49
1175	1.1775	0.89042	1249.4	912.08	8.3199	28.985	−23.164	1.3224	667.83
1180	1.1784	0.89138	1255.2	916.52	8.3248	29.002	−23.177	1.3220	669.16
1185	1.1794	0.89234	1261.1	920.96	8.3298	29.019	−23.190	1.3217	670.49
1190	1.1803	0.89329	1267.0	925.40	8.3347	29.037	−23.203	1.3213	671.82
1195	1.1813	0.89423	1272.9	929.85	8.3396	29.054	−23.216	1.3210	673.14
1200	1.1822	0.89518	1278.8	934.31	8.3445	29.071	−23.229	1.3206	674.46
1205	1.1832	0.89612	1284.6	938.77	8.3494	29.088	−23.242	1.3203	675.78
1210	1.1841	0.89705	1290.5	943.23	8.3542	29.105	−23.254	1.3199	677.09
1215	1.1850	0.89799	1296.5	947.70	8.3591	29.122	−23.267	1.3196	678.40
1220	1.1860	0.89891	1302.4	952.17	8.3639	29.138	−23.280	1.3193	679.71
1225	1.1869	0.89983	1308.3	956.65	8.3687	29.155	−23.293	1.3190	681.02
1230	1.1878	0.90075	1314.2	961.14	8.3735	29.172	−23.305	1.3187	682.32
1235	1.1887	0.90167	1320.1	965.63	8.3783	29.188	−23.318	1.3183	683.63
1240	1.1896	0.90258	1326.0	970.12	8.3830	29.205	−23.330	1.3180	684.92
1245	1.1905	0.90349	1332.0	974.62	8.3878	29.222	−23.343	1.3177	686.22
1250	1.1914	0.90440	1337.9	979.12	8.3925	29.238	−23.355	1.3174	687.51
1255	1.1923	0.90530	1343.9	983.63	8.3972	29.255	−23.368	1.3171	688.81
1260	1.1932	0.90620	1349.8	988.14	8.4019	29.271	−23.380	1.3167	690.09
1265	1.1941	0.90709	1355.8	992.66	8.4066	29.287	−23.393	1.3164	691.38
1270	1.1950	0.90799	1361.7	997.18	8.4113	29.304	−23.405	1.3161	692.66
1275	1.1959	0.90887	1367.7	1001.7	8.4159	29.320	−23.417	1.3158	693.94
1280	1.1968	0.90975	1373.6	1006.2	8.4206	29.336	−23.429	1.3155	695.22
1285	1.1977	0.91063	1379.6	1010.8	8.4252	29.352	−23.442	1.3152	696.50
1290	1.1986	0.91151	1385.6	1015.3	8.4298	29.368	−23.454	1.3149	697.77
1295	1.1994	0.91239	1391.6	1019.9	8.4344	29.384	−23.466	1.3146	699.04

1300	1.2003	0.91326	1397.6	1024.4	8.4390	29.400	-23.478	1.3143	700.31
1305	1.2012	0.91412	1403.5	1029.0	8.4436	29.416	-23.490	1.3140	701.58
1310	1.2020	0.91499	1409.5	1033.5	8.4481	29.432	-23.502	1.3137	702.84
1315	1.2029	0.91585	1415.5	1038.1	8.4527	29.448	-23.514	1.3134	704.10
1320	1.2038	0.91671	1421.5	1042.7	8.4572	29.464	-23.526	1.3131	705.36
1325	1.2046	0.91756	1427.6	1047.2	8.4617	29.479	-23.538	1.3128	706.61
1330	1.2055	0.91841	1433.6	1051.8	8.4662	29.495	-23.550	1.3125	707.87
1335	1.2063	0.91926	1439.6	1056.4	8.4707	29.511	-23.562	1.3122	709.12
1340	1.2072	0.92011	1445.6	1061.0	8.4752	29.526	-23.574	1.3120	710.37
1345	1.2080	0.92095	1451.6	1065.6	8.4797	29.542	-23.586	1.3117	711.62
1350	1.2088	0.92179	1457.7	1070.2	8.4841	29.557	-23.598	1.3114	712.86
1355	1.2097	0.92263	1463.7	1074.8	8.4885	29.573	-23.609	1.3111	714.10
1360	1.2105	0.92347	1469.7	1079.4	8.4930	29.588	-23.621	1.3108	715.34
1365	1.2113	0.92430	1475.8	1084.0	8.4974	29.603	-23.633	1.3105	716.58
1370	1.2122	0.92513	1481.8	1088.6	8.5018	29.619	-23.644	1.3103	717.81
1375	1.2130	0.92596	1487.9	1093.2	8.5062	29.634	-23.656	1.3099	719.05
1380	1.2138	0.92678	1494.0	1097.8	8.5105	29.649	-23.668	1.3097	720.28
1385	1.2147	0.92760	1500.0	1102.5	8.5149	29.665	-23.679	1.3094	721.50
1390	1.2155	0.92842	1506.1	1107.1	8.5192	29.680	-23.691	1.3092	722.73
1395	1.2163	0.92924	1512.2	1111.7	8.5236	29.695	-23.702	1.3089	723.95
1400	1.2171	0.93006	1518.2	1116.4	8.5279	29.710	-23.714	1.3086	725.17
1405	1.2179	0.93088	1524.3	1121.0	8.5322	29.725	-23.725	1.3084	726.39
1410	1.2187	0.93169	1530.4	1125.7	8.5365	29.740	-23.737	1.3081	727.61
1415	1.2195	0.93250	1536.5	1130.3	8.5408	29.755	-23.748	1.3078	728.82
1420	1.2204	0.93331	1542.6	1135.0	8.5451	29.770	-23.759	1.3075	730.04
1425	1.2212	0.93412	1548.7	1139.7	8.5493	29.785	-23.771	1.3073	731.25
1430	1.2220	0.93492	1554.8	1144.3	8.5536	29.799	-23.782	1.3070	732.45
1435	1.2228	0.93573	1560.9	1149.0	8.5578	29.814	-23.793	1.3068	733.66
1440	1.2236	0.93653	1567.0	1153.7	8.5621	29.829	-23.805	1.3065	734.86
1445	1.2244	0.93733	1573.2	1158.4	8.5663	29.844	-23.816	1.3062	736.06

Continued

TABLE AVI.1 (*Continued*) Properties of Air

T (K)	CP(T) [KJ/(KG K)]	CV(T) [KJ/(KG K)]	H(T) (KJ/KG)	U(T) (KJ/KG)	E(T) [KJ/(KG K)]	IPR(T)	IVR(T)	G(T)	A(T) (M/S)
1450	1.2252	0.93813	1579.3	1163.1	8.5705	29.858	-23.827	1.3060	737.26
1455	1.2260	0.93893	1585.4	1167.8	8.5747	29.873	-23.838	1.3057	738.46
1460	1.2268	0.93973	1591.5	1172.5	8.5789	29.887	-23.849	1.3054	739.65
1465	1.2276	0.94053	1597.7	1177.2	8.5830	29.902	-23.860	1.3052	740.84
1470	1.2284	0.94133	1603.8	1181.9	8.5872	29.916	-23.872	1.3049	742.03
1475	1.2292	0.94212	1610.0	1186.6	8.5914	29.931	-23.883	1.3047	743.22
1480	1.2299	0.94292	1616.1	1191.3	8.5955	29.945	-23.894	1.3044	744.41
1485	1.2308	0.94371	1622.3	1196.0	8.5996	29.960	-23.905	1.3042	745.59
1490	1.2316	0.94451	1628.4	1200.7	8.6037	29.974	-23.916	1.3039	746.77
1495	1.2324	0.94530	1634.6	1205.5	8.6078	29.988	-23.927	1.3036	747.95
1500	1.2331	0.94610	1640.8	1210.2	8.6119	30.003	-23.938	1.3034	749.12
1505	1.2339	0.94689	1646.9	1214.9	8.6160	30.017	-23.948	1.3031	750.30
1510	1.2347	0.94769	1653.1	1219.7	8.6201	30.031	-23.959	1.3029	751.47
1515	1.2355	0.94848	1659.3	1224.4	8.6242	30.045	-23.970	1.3026	752.64
1520	1.2363	0.94927	1665.5	1229.2	8.6282	30.059	-23.981	1.3024	753.81
1525	1.2371	0.95007	1671.7	1234.0	8.6323	30.073	-23.992	1.3021	754.97
1530	1.2379	0.95087	1677.9	1238.7	8.6363	30.087	-24.003	1.3019	756.14
1535	1.2387	0.95166	1684.1	1243.5	8.6403	30.101	-24.013	1.3016	757.30
1540	1.2395	0.95246	1690.3	1248.3	8.6443	30.115	-24.024	1.3014	758.46
1545	1.2403	0.95326	1696.5	1253.0	8.6483	30.129	-24.035	1.3011	759.61
1550	1.2411	0.95406	1702.7	1257.8	8.6523	30.143	-24.045	1.3009	760.77
1555	1.2419	0.95486	1708.9	1262.6	8.6563	30.157	-24.056	1.3006	761.92
1560	1.2427	0.95566	1715.2	1267.4	8.6603	30.171	-24.067	1.3004	763.07
1565	1.2435	0.95646	1721.4	1272.2	8.6643	30.185	-24.077	1.3001	764.22
1570	1.2443	0.95726	1727.6	1277.0	8.6682	30.199	-24.088	1.2999	765.36
1575	1.2451	0.95807	1733.9	1281.8	8.6722	30.212	-24.099	1.2996	766.51
1580	1.2459	0.95888	1740.1	1286.6	8.6761	30.226	-24.109	1.2993	767.65
1585	1.2467	0.95969	1746.3	1291.4	8.6800	30.240	-24.120	1.2991	768.79
1590	1.2476	0.96050	1752.6	1296.2	8.6839	30.253	-24.130	1.2988	769.92
1595	1.2484	0.96131	1758.9	1301.0	8.6878	30.267	-24.141	1.2986	771.06

1600	1.2492	0.96213	1765.1	1305.8	8.6917	30.281	-24.151	1.2983	772.19
1605	1.2499	0.96295	1771.4	1310.7	8.6956	30.294	-24.161	1.2981	773.32
1610	1.2508	0.96377	1777.6	1315.5	8.6995	30.308	-24.172	1.2978	774.45
1615	1.2516	0.96460	1783.9	1320.3	8.7034	30.321	-24.182	1.2976	775.57
1620	1.2525	0.96542	1790.2	1325.2	8.7072	30.335	-24.193	1.2973	776.70
1625	1.2533	0.96625	1796.5	1330.0	8.7111	30.348	-24.203	1.2971	777.82
1630	1.2541	0.96709	1802.8	1334.9	8.7149	30.361	-24.213	1.2968	778.94
1635	1.2550	0.96792	1809.1	1339.7	8.7188	30.375	-24.224	1.2965	780.05
1640	1.2558	0.96876	1815.3	1344.6	8.7226	30.388	-24.234	1.2963	781.17
1645	1.2567	0.96961	1821.6	1349.5	8.7264	30.401	-24.244	1.2960	782.28
1650	1.2575	0.97046	1828.0	1354.3	8.7302	30.415	-24.254	1.2958	783.39
1655	1.2584	0.97131	1834.3	1359.2	8.7340	30.428	-24.264	1.2955	784.50
1660	1.2592	0.97217	1840.6	1364.1	8.7378	30.441	-24.275	1.2953	785.60
1665	1.2601	0.97303	1846.9	1369.0	8.7416	30.454	-24.285	1.2950	786.71
1670	1.2609	0.97389	1853.2	1373.9	8.7454	30.467	-24.295	1.2947	787.81
1675	1.2618	0.97476	1859.5	1378.7	8.7491	30.481	-24.305	1.2945	788.90
1680	1.2627	0.97564	1865.9	1383.6	8.7529	30.494	-24.315	1.2942	790.00
1685	1.2636	0.97652	1872.2	1388.5	8.7566	30.507	-24.325	1.2939	791.09
1690	1.2645	0.97740	1878.5	1393.4	8.7604	30.520	-24.335	1.2937	792.19
1695	1.2653	0.97829	1884.9	1398.4	8.7641	30.533	-24.345	1.2934	793.27
1700	1.2662	0.97919	1891.2	1403.3	8.7678	30.546	-24.355	1.2931	794.36
1705	1.2671	0.98009	1897.6	1408.2	8.7715	30.559	-24.365	1.2929	795.45
1710	1.2680	0.98100	1903.9	1413.1	8.7753	30.572	-24.375	1.2926	796.53
1715	1.2690	0.98191	1910.3	1418.0	8.7790	30.584	-24.385	1.2923	797.61
1720	1.2699	0.98283	1916.7	1423.0	8.7826	30.597	-24.395	1.2921	798.68
1725	1.2708	0.98375	1923.0	1427.9	8.7863	30.610	-24.405	1.2918	799.76
1730	1.2717	0.98469	1929.4	1432.8	8.7900	30.623	-24.415	1.2915	800.83
1735	1.2727	0.98563	1935.8	1437.8	8.7937	30.636	-24.425	1.2912	801.90
1740	1.2736	0.98657	1942.2	1442.7	8.7973	30.648	-24.435	1.2909	802.97
1745	1.2746	0.98753	1948.6	1447.7	8.8010	30.661	-24.445	1.2907	804.04

Continued

TABLE AVI.1 *(Continued)* Properties of Air

T (K)	CP(T) [KJ/(KG K)]	CV(T) [KJ/(KG K)]	H(T) (KJ/KG)	U(T) (KJ/KG)	E(T) [KJ/(KG K)]	IPR(T)	IVR(T)	G(T)	A(T) (M/S)
1750	1.2755	0.98849	1954.9	1452.6	8.8046	30.674	-24.455	1.2904	805.10
1755	1.2765	0.98946	1961.3	1457.6	8.8083	30.687	-24.464	1.2901	806.16
1760	1.2775	0.99043	1967.7	1462.6	8.8119	30.699	-24.474	1.2898	807.22
1765	1.2785	0.99142	1974.1	1467.5	8.8155	30.712	-24.484	1.2895	808.27
1770	1.2795	0.99241	1980.6	1472.5	8.8191	30.724	-24.494	1.2892	809.33
1775	1.2805	0.99341	1987.0	1477.5	8.8227	30.737	-24.503	1.2889	810.38
1780	1.2815	0.99442	1993.4	1482.5	8.8263	30.749	-24.513	1.2886	811.42
1785	1.2825	0.99544	1999.8	1487.4	8.8299	30.762	-24.523	1.2884	812.47
1790	1.2835	0.99647	2006.2	1492.4	8.8335	30.774	-24.533	1.2881	813.51
1795	1.2846	0.99750	2012.7	1497.4	8.8371	30.787	-24.542	1.2878	814.55
1800	1.2856	0.99855	2019.1	1502.4	8.8406	30.799	-24.552	1.2875	815.59
1805	1.2867	0.99960	2025.5	1507.4	8.8442	30.812	-24.562	1.2872	816.63
1810	1.2877	1.0007	2032.0	1512.4	8.8477	30.824	-24.571	1.2868	817.66
1815	1.2888	1.0018	2038.4	1517.4	8.8513	30.836	-24.581	1.2865	818.69
1820	1.2899	1.0028	2044.9	1522.5	8.8548	30.849	-24.590	1.2862	819.72
1825	1.2910	1.0039	2051.3	1527.5	8.8584	30.861	-24.599	1.2859	820.75
1830	1.2921	1.0050	2057.8	1532.5	8.8619	30.873	-24.609	1.2856	821.77
1835	1.2932	1.0062	2064.3	1537.5	8.8654	30.886	-24.619	1.2853	822.79
1840	1.2943	1.0073	2070.7	1542.6	8.8689	30.898	-24.628	1.2850	823.81
1845	1.2955	1.0084	2077.2	1547.6	8.8724	30.910	-24.638	1.2846	824.82
1850	1.2966	1.0096	2083.7	1552.7	8.8759	30.922	-24.647	1.2843	825.84
1855	1.2978	1.0107	2090.2	1557.7	8.8794	30.934	-24.657	1.2840	826.85
1860	1.2989	1.0119	2096.6	1562.7	8.8829	30.946	-24.666	1.2837	827.85
1865	1.3001	1.0131	2103.1	1567.8	8.8863	30.959	-24.676	1.2833	828.86
1870	1.3013	1.0143	2109.6	1572.9	8.8898	30.971	-24.685	1.2830	829.86
1875	1.3025	1.0155	2116.1	1577.9	8.8933	30.983	-24.694	1.2827	830.86
1880	1.3038	1.0167	2122.6	1583.0	8.8967	30.995	-24.704	1.2823	831.86
1885	1.3050	1.0180	2129.1	1588.1	8.9002	31.007	-24.713	1.2820	832.85
1890	1.3063	1.0192	2135.6	1593.1	8.9036	31.019	-24.723	1.2816	833.84
1895	1.3075	1.0205	2142.2	1598.2	8.9071	31.031	-24.732	1.2813	834.83

1900	1.3088	1.0218	2148.7	1603.3	8.9105	31.043	-24.741	1.2809	835.81
1905	1.3101	1.0231	2155.2	1608.4	8.9139	31.055	-24.750	1.2806	836.80
1910	1.3114	1.0244	2161.7	1613.5	8.9173	31.066	-24.760	1.2802	837.78
1915	1.3127	1.0257	2168.3	1618.6	8.9207	31.078	-24.769	1.2799	838.76
1920	1.3141	1.0270	2174.8	1623.7	8.9241	31.090	-24.778	1.2795	839.73
1925	1.3154	1.0284	2181.3	1628.8	8.9275	31.102	-24.787	1.2791	840.70
1930	1.3168	1.0297	2187.9	1633.9	8.9309	31.114	-24.797	1.2788	841.67
1935	1.3182	1.0311	2194.4	1639.0	8.9343	31.126	-24.806	1.2784	842.64
1940	1.3196	1.0325	2201.0	1644.1	8.9377	31.137	-24.815	1.2780	843.60
1945	1.3210	1.0339	2207.5	1649.2	8.9410	31.149	-24.824	1.2776	844.56
1950	1.3224	1.0354	2214.1	1654.4	8.9444	31.161	-24.833	1.2772	845.52
1955	1.3238	1.0368	2220.7	1659.5	8.9478	31.173	-24.843	1.2769	846.48
1960	1.3253	1.0383	2227.2	1664.6	8.9511	31.184	-24.852	1.2765	847.43
1965	1.3268	1.0397	2233.8	1669.8	8.9545	31.196	-24.861	1.2761	848.38
1970	1.3283	1.0412	2240.4	1674.9	8.9578	31.207	-24.870	1.2757	849.32
1975	1.3298	1.0428	2247.0	1680.1	8.9611	31.219	-24.879	1.2753	850.27
1980	1.3313	1.0443	2253.5	1685.2	8.9645	31.231	-24.888	1.2749	851.21
1985	1.3329	1.0458	2260.1	1690.4	8.9678	31.242	-24.897	1.2745	852.15
1990	1.3345	1.0474	2266.7	1695.5	8.9711	31.254	-24.906	1.2740	853.08
1995	1.3360	1.0490	2273.3	1700.7	8.9744	31.265	-24.915	1.2736	854.01
2000	1.3377	1.0506	2279.9	1705.8	8.9777	31.277	-24.924	1.2732	854.94

APPENDIX VII

THERMODYNAMIC AND TRANSPORT PROPERTY EQUATIONS AND TABLES FOR IDEAL GASES

Air

At/mol wt. (KG/MOLE): 28.966

Gas constant [KJ/(KG K)]: .287040

At/mol formula: (Mixture)

Critical temperature (K): 132.6

Critical pressure (MPA): 3.77

Transport Properties

$$VS(T) = \sum B(N)T^N$$

Temperature range: $250 \leq T < 600$

Coefficients:

$B(0) = -9.8601E\text{-}1$ $B(4) = -5.7971299E\text{-}11$
$B(1) = 9.080125E\text{-}2$ $B(5) = 0.0$
$B(2) = -1.17635575E\text{-}4$ $B(6) = 0.0$
$B(3) = 1.2349703E\text{-}7$

Temperature range: $600 \leq T \leq 1050$

Coefficients:

$B(0) = 4.8856745$ $B(4) = -1.10398E\text{-}12$
$B(1) = 5.43232E\text{-}2$ $B(5) = 0.0$
$B(2) = -2.4261775E\text{-}5$ $B(6) = 0.0$
$B(3) = 7.9306E\text{-}9$

Transport Properties of Air (Continued)

$$K(T) = \sum C(N)T^N$$

Temperature range: $250 \leq T \leq 1050$

Coefficients:

$C(0) = -2.276501\text{E-}3$
$C(1) = 1.2598485\text{E-}4$
$C(2) = -1.4815235\text{E-}7$
$C(3) = 1.73550646\text{E-}10$
$C(4) = -1.066657\text{E-}13$
$C(5) = 2.47663035\text{E-}17$
$C(6) = 0.0$

TABLE AVII.1 *Transport Properties of Air*

T (K)	VS(T)E+6 [(N S)/M²]	K(T)E+3 [W/(M K)]	T (K)	VS(T)E+6 [(N S)/M²]	K(T)E+3 [W/(M K)]
250	16.07	22.28	650	31.93	48.51
260	16.58	23.06	660	32.24	49.10
270	17.08	23.82	670	32.55	49.67
280	17.57	24.58	680	32.86	50.25
290	18.06	25.33	690	33.17	50.83
300	18.53	26.07	700	33.48	51.40
310	19.00	26.80	710	33.78	51.97
320	19.46	27.52	720	34.08	52.53
330	19.92	28.23	730	34.38	53.10
340	20.37	28.94	740	34.68	53.66
350	20.81	29.64	750	34.98	54.22
360	21.25	30.33	760	35.27	54.78
370	21.68	31.02	770	35.56	55.33
380	22.10	31.70	780	35.85	55.88
390	22.52	32.37	790	36.14	56.43
400	22.93	33.04	800	36.42	56.98
410	23.34	33.71	810	36.71	57.52
420	23.75	34.37	820	36.99	58.06
430	24.14	35.02	830	37.27	58.60
440	24.54	35.67	840	37.55	59.13
450	24.93	36.31	850	37.83	59.66
460	25.32	36.95	860	38.10	60.19
470	25.70	37.59	870	38.37	60.71
480	26.08	38.22	880	38.64	61.23
490	26.45	38.85	890	38.91	61.75
500	26.82	39.48	900	39.18	62.27
510	27.19	40.10	910	39.45	62.78
520	27.55	40.72	920	39.71	63.28
530	27.91	41.34	930	39.98	63.79
540	28.26	41.95	940	40.24	64.29
550	28.61	42.56	950	40.50	64.78
560	28.96	43.17	960	40.76	65.28
570	29.30	43.77	970	41.01	65.76
580	29.64	44.37	980	41.27	66.25
590	29.98	44.97	990	41.52	66.73
600	30.31	45.57	1000	41.77	67.21
610	30.64	46.16	1010	42.02	67.68
620	30.97	46.75	1020	42.27	68.15
630	31.29	47.34	1030	42.52	68.61
640	31.61	47.93	1040	42.77	69.08
			1050	43.02	69.53

Argon

At/mol wt. (KG/MOLE): 39.948

Gas constant [KJ/(KG K)]: .208129

At/mol formula: Ar

Critical temperature (K): 150.8

Critical pressure (MPA): 4.87

Sat. temp. at one atmos. (K): 87.5

Thermodynamic Properties

$$CP(T) = \sum [A(N)T^N]$$
$$H(T) = \sum \{[1/(N+1)]A(N)T^{N+1}\}$$
$$E(T) = A(0) \text{LOG}(T) + \sum [(1/N)A(N)T^N]$$

Temperature range: $200 \leq T \leq 1600$

Coefficients:

$A(0) = 0.52034$
$A(1) = 0.0$
$A(2) = 0.0$
$A(3) = 0.0$

$A(4) = 0.0$
$A(5) = 0.0$
$A(6) = 0.0$

Transport Properties

$$VS(T) = \sum [B(N)T^N]$$

Temperature range: $200 \leq T < 540$

Coefficients:

$B(0) = 1.22573$
$B(1) = 5.9456964\text{E-}2$
$B(2) = 1.897011\text{E-}4$
$B(3) = -8.171242\text{E-}7$

$B(4) = 1.2939183\text{E-}9$
$B(5) = -7.5027442\text{E-}13$
$B(6) = 0.0$

Temperature range: $540 \leq T \leq 1000$

Coefficients.

$B(0) = 4.03764$
$B(1) = 7.3665688E\text{-}2$
$B(2) = -3.3867E\text{-}5$
$B(3) = 1.127158E\text{-}8$
$B(4) = -1.585569E\text{-}12$
$B(5) = 0.0$
$B(6) = 0.0$

$$K(T) = \sum [C(N)T^N]$$

Temperature range: $200 \leq T \leq 1000$

Coefficients:

$C(0) = -5.2839462E\text{-}4$
$C(1) = 7.60706705E\text{-}5$
$C(2) = -6.4749393E\text{-}8$
$C(3) = 5.41874502E\text{-}11$
$C(4) = -3.22024235E\text{-}14$
$C(5) = 1.17962552E\text{-}17$
$C(6) = -1.86231745E\text{-}21$

TABLE AVII.2 *Thermodynamic Properties of Argon*

T (K)	CP(T) [KJ/(KG K)]	H(T) (KJ/KG)	E(T) [(KJ/KG K)]	IPR(T)	G(T)	A(T) (M/S)
200	0.520	104.1	2.757	13.25	1.667	263.4
220	0.520	114.5	2.807	13.48	1.667	276.2
240	0.520	124.9	2.852	13.70	1.667	288.5
260	0.520	135.3	2.893	13.90	1.667	300.3
280	0.520	145.7	2.932	14.09	1.667	311.6
300	0.520	156.1	2.968	14.26	1.667	322.6
320	0.520	166.5	3.001	14.42	1.667	333.2
340	0.520	176.9	3.033	14.57	1.667	343.4
360	0.520	187.3	3.063	14.72	1.667	353.4
380	0.520	197.7	3.091	14.85	1.667	363.1
400	0.520	208.1	3.118	14.98	1.667	372.5
420	0.520	218.5	3.143	15.10	1.667	381.7
440	0.520	228.9	3.167	15.22	1.667	390.7
460	0.520	239.4	3.190	15.33	1.667	399.5
480	0.520	249.8	3.212	15.43	1.667	408.0
500	0.520	260.2	3.234	15.54	1.667	416.5
520	0.520	270.6	3.254	15.64	1.667	424.7
540	0.520	281.0	3.274	15.73	1.667	432.8
560	0.520	291.4	3.293	15.82	1.667	440.7
580	0.520	301.8	3.311	15.91	1.667	448.5
600	0.520	312.2	3.329	15.99	1.667	456.2
620	0.520	322.6	3.346	16.07	1.667	463.7
640	0.520	333.0	3.362	16.15	1.667	471.2
660	0.520	343.4	3.378	16.23	1.667	478.5
680	0.520	353.8	3.394	16.31	1.667	485.7
700	0.520	364.2	3.409	16.38	1.667	492.8
720	0.520	374.6	3.423	16.45	1.667	499.7
740	0.520	385.1	3.438	16.52	1.667	506.6
760	0.520	395.5	3.452	16.58	1.667	513.4
780	0.520	405.9	3.465	16.65	1.667	520.2
800	0.520	416.3	3.478	16.71	1.667	526.8
820	0.520	426.7	3.491	16.77	1.667	533.3
840	0.520	437.1	3.504	16.83	1.667	539.8
860	0.520	447.5	3.516	16.89	1.667	546.2
880	0.520	457.9	3.528	16.95	1.667	552.5
900	0.520	468.3	3.540	17.01	1.667	558.7
920	0.520	478.7	3.551	17.06	1.667	564.9
940	0.520	489.1	3.562	17.12	1.667	571.0
960	0.520	499.5	3.573	17.17	1.667	577.1
980	0.520	509.9	3.584	17.22	1.667	583.0

TABLE AVII.2 *(Continued)* *Thermodynamic Properties of Argon*

T (K)	CP(T) [KJ/(KG K)]	H(T) (KJ/KG)	E(T) [(KJ/KG K)]	IPR(T)	G(T)	A(T) (M/S)
1000	0.520	520.3	3.594	17.27	1.667	589.0
1020	0.520	530.7	3.605	17.32	1.667	594.8
1040	0.520	541.2	3.615	17.37	1.667	600.6
1060	0.520	551.6	3.625	17.42	1.667	606.4
1080	0.520	562.0	3.634	17.46	1.667	612.1
1100	0.520	572.4	3.644	17.51	1.667	617.7
1120	0.520	582.8	3.653	17.55	1.667	623.3
1140	0.520	593.2	3.663	17.60	1.667	628.8
1160	0.520	603.6	3.672	17.64	1.667	634.3
1180	0.520	614.0	3.681	17.68	1.667	639.8
1200	0.520	624.4	3.689	17.73	1.667	645.2
1220	0.520	634.8	3.698	17.77	1.667	650.5
1240	0.520	645.2	3.706	17.81	1.667	655.8
1260	0.520	655.6	3.715	17.85	1.667	661.1
1280	0.520	666.0	3.723	17.89	1.667	666.3
1300	0.520	676.4	3.731	17.93	1.667	671.5
1320	0.520	686.8	3.739	17.96	1.667	676.7
1340	0.520	697.3	3.747	18.00	1.667	681.8
1360	0.520	707.7	3.754	18.04	1.667	686.8
1380	0.520	718.1	3.762	18.08	1.667	691.9
1400	0.520	728.5	3.769	18.11	1.667	696.9
1420	0.520	738.9	3.777	18.15	1.667	701.8
1440	0.520	749.3	3.784	18.18	1.667	706.8
1460	0.520	759.7	3.791	18.22	1.667	711.6
1480	0.520	770.1	3.798	18.25	1.667	716.5
1500	0.520	780.5	3.805	18.28	1.667	721.3
1520	0.520	790.9	3.812	18.32	1.667	726.1
1540	0.520	801.3	3.819	18.35	1.667	730.9
1560	0.520	811.7	3.826	18.38	1.667	735.6
1580	0.520	822.1	3.832	18.41	1.667	740.3
1600	0.520	832.5	3.839	18.45	1.667	745.0

TABLE AVII.3 *Transport Properties of Argon*

T (K)	VS(T)E+6 [(N S)/M^2]	K(T)E+3 [W/(M K)]	T (K)	VS(T)E+6 [(N S)/M^2]	K(T)E+3 [W/(M K)]
200	16.00	12.48	600	38.27	30.17
210	16.72	13.03	610	38.71	30.52
220	17.43	13.58	620	39.14	30.88
230	18.13	14.12	630	39.57	31.23
240	18.82	14.65	640	40.00	31.58
250	19.50	15.17	650	40.42	31.92
260	20.17	15.69	660	40.84	32.27
270	20.82	16.20	670	41.26	32.61
280	21.47	16.71	680	41.68	32.94
290	22.11	17.20	690	42.09	33.28
300	22.73	17.69	700	42.49	33.61
310	23.35	18.18	710	42.90	33.94
320	23.95	18.66	720	43.30	34.27
330	24.55	19.13	730	43.70	34.60
340	25.14	19.60	740	44.10	34.92
350	25.72	20.06	750	44.49	35.24
360	26.29	20.52	760	44.88	35.56
370	26.85	20.97	770	45.27	35.88
380	27.41	21.42	780	45.65	36.19
390	27.96	21.86	790	46.04	36.51
400	28.51	22.30	800	46.42	36.82
410	29.05	22.73	810	46.79	37.13
420	29.58	23.16	820	47.17	37.44
430	30.11	23.58	830	47.54	37.74
440	30.63	24.00	840	47.91	38.05
450	31.15	24.41	850	48.28	38.35
460	31.66	24.82	860	48.64	38.65
470	32.17	25.23	870	49.01	38.95
480	32.67	25.63	880	49.37	39.25
490	33.17	26.03	890	49.73	39.54
500	33.66	26.42	900	50.08	39.84
510	34.15	26.81	910	50.43	40.13
520	34.62	27.20	920	50.79	40.42
530	35.09	27.58	930	51.14	40.71
540	35.55	27.96	940	51.48	41.00
550	36.04	28.33	950	51.83	41.29
560	36.49	28.71	960	52.17	41.58
570	36.94	29.08	970	52.51	41.86
580	37.39	29.44	980	52.85	42.15
590	37.83	29.81	990	53.19	42.43
			1000	53.52	42.71

EQUATIONS AND TABLES FOR IDEAL GASES **121**

***n*-Butane**

At/mol wt. (KG/MOLE): 58.124

Gas constant (KJ/[KG K)]: .143044

At/mol formula: C_4H_{10}

Critical temperature (K): 408.1

Critical pressure (MPA): 3.65

Sat. temp. at one atmos. (K): 261.5

Thermodynamic Properties

$$CP(T) = \sum [A(N)T^N]$$
$$H(T) = \sum \{[1/(N+1)]A(N)T^{N+1}\}$$
$$E(T) = A(0)\,LOG(T) + \sum [(1/N)A(N)T^N]$$

Temperature range: $280 \leq T < 755$

Coefficients:

$A(0) = 2.3665134E\text{-}1$　　$A(4) = 0.0$
$A(1) = 5.10573E\text{-}3$　　$A(5) = 0.0$
$A(2) = -4.16089E\text{-}7$　　$A(6) = 0.0$
$A(3) = -1.1450804E\text{-}9$

Temperature range: $755 \leq T \leq 1080$

Coefficients:

$A(0) = 4.40126486$　　$A(4) = 1.619382E\text{-}11$
$A(1) = -1.390866545E\text{-}2$　　$A(5) = -2.966666E\text{-}15$
$A(2) = 3.471109E\text{-}5$　　$A(6) = 0.0$
$A(3) = -3.45278E\text{-}8$

APPENDIX VII

Transport Properties of n-Butane

$$VS(T) = \sum[B(N)T^N]$$

Temperature range: $270 \leq T \leq 520$

Coefficients:

$B(0) = -1.099487E\text{-}2$ $B(4) = 0.0$
$B(1) = 2.634504E\text{-}2$ $B(5) = 0.0$
$B(2) = -3.54700854E\text{-}6$ $B(6) = 0.0$
$B(3) = 0.0$

$$K(T) = \sum[C(N)T^N]$$

Temperature range: $280 \leq T \leq 500$

Coefficients:

$C(0) = 3.79912E\text{-}3$ $C(4) = 0.0$
$C(1) = -3.38011396E\text{-}5$ $C(5) = 0.0$
$C(2) = 3.15886537E\text{-}7$ $C(6) = 0.0$
$C(3) = -2.25600514E\text{-}10$

TABLE AVII.4 *Thermodynamic Properties of n-Butane*

T (K)	CP(T) [KJ/(KG K)]	H(T) (KJ/KG)	E(T) [(KJ/KG K)]	IPR(T)	G(T)	A(T) (M/S)
280	1.608	261.6	2.738	19.14	1.098	209.7
290	1.654	277.9	2.796	19.54	1.095	213.1
300	1.700	294.7	2.852	19.94	1.092	216.5
310	1.745	311.9	2.909	20.34	1.089	219.8
320	1.790	329.6	2.965	20.73	1.087	223.0
330	1.835	347.7	3.021	21.12	1.085	226.3
340	1.879	366.3	3.076	21.51	1.082	229.4
350	1.924	385.3	3.131	21.89	1.080	232.6
360	1.967	404.8	3.186	22.27	1.078	235.7
370	2.011	424.7	3.241	22.66	1.077	238.7
380	2.054	445.0	3.295	23.03	1.075	241.7
390	2.097	465.7	3.349	23.41	1.073	244.7
400	2.139	486.9	3.402	23.79	1.072	247.6
410	2.181	508.5	3.456	24.16	1.070	250.5
420	2.223	530.5	3.509	24.53	1.069	253.4
430	2.264	553.0	3.562	24.90	1.067	256.2
440	2.305	575.8	3.614	25.27	1.066	259.0
450	2.346	599.1	3.666	25.63	1.065	261.8
460	2.386	622.7	3.718	25.99	1.064	264.6
470	2.426	646.8	3.770	26.36	1.063	267.3
480	2.465	671.2	3.822	26.72	1.062	270.0
490	2.504	696.1	3.873	27.07	1.061	272.7
500	2.542	721.3	3.924	27.43	1.060	275.3
510	2.580	746.9	3.975	27.79	1.059	277.9
520	2.618	772.9	4.025	28.14	1.058	280.5
530	2.655	799.3	4.075	28.49	1.057	283.1
540	2.692	826.0	4.125	28.84	1.056	285.6
550	2.728	853.1	4.175	29.19	1.055	288.1
560	2.764	880.6	4.224	29.53	1.055	290.6
570	2.800	908.4	4.274	29.88	1.054	293.1
580	2.835	936.6	4.323	30.22	1.053	295.6
590	2.869	965.1	4.371	30.56	1.052	298.0
600	2.903	994.0	4.420	30.90	1.052	300.5
610	2.936	1023	4.468	31.24	1.051	302.9
620	2.969	1053	4.516	31.57	1.051	305.2
630	3.002	1083	4.564	31.91	1.050	307.6
640	3.034	1113	4.612	32.24	1.049	310.0
650	3.065	1143	4.659	32.57	1.049	312.3
660	3.096	1174	4.706	32.90	1.048	314.6
670	3.126	1205	4.753	33.22	1.048	316.9

Continued

TABLE AVII.4 *(Continued)* Thermodynamic Properties of n-Butane

T (K)	CP(T) [KJ/(KG K)]	H(T) (KJ/KG)	E(T) [(KJ/KG K)]	IPR(T)	G(T)	A(T) (M/S)
680	3.156	1237	4.799	33.55	1.047	319.2
690	3.185	1268	4.845	33.87	1.047	321.5
700	3.214	1300	4.891	34.20	1.047	323.7
710	3.242	1333	4.937	34.52	1.046	326.0
720	3.270	1365	4.983	34.83	1.046	328.2
730	3.297	1398	5.028	35.15	1.045	330.4
740	3.323	1431	5.073	35.47	1.045	332.6
750	3.349	1464	5.118	35.78	1.045	334.8
760	3.373	1498	5.162	36.09	1.044	336.9
770	3.398	1532	5.207	36.40	1.044	339.1
780	3.423	1566	5.251	36.71	1.044	341.2
790	3.448	1600	5.294	37.01	1.043	343.4
800	3.472	1635	5.338	37.32	1.043	345.5
810	3.496	1670	5.381	37.62	1.043	347.6
820	3.520	1705	5.424	37.92	1.042	349.7
830	3.544	1740	5.467	38.22	1.042	351.7
840	3.567	1776	5.510	38.52	1.042	353.8
850	3.590	1811	5.552	38.81	1.041	355.9
860	3.613	1848	5.594	39.11	1.041	357.9
870	3.636	1884	5.636	39.40	1.041	359.9
880	3.658	1920	5.678	39.69	1.041	361.9
890	3.680	1957	5.719	39.98	1.040	363.9
900	3.702	1994	5.760	40.27	1.040	365.9
910	3.723	2031	5.801	40.56	1.040	367.9
920	3.744	2068	5.842	40.84	1.040	369.9
930	3.765	2106	5.883	41.13	1.039	371.9
940	3.786	2144	5.923	41.41	1.039	373.8
950	3.806	2182	5.963	41.69	1.039	375.8
960	3.826	2220	6.003	41.97	1.039	377.7
970	3.846	2258	6.043	42.25	1.039	379.6
980	3.865	2297	6.083	42.52	1.038	381.5
990	3.884	2335	6.122	42.80	1.038	383.4
1000	3.903	2374	6.161	43.07	1.038	385.3
1010	3.922	2413	6.200	43.34	1.038	387.2
1020	3.940	2453	6.239	43.61	1.038	389.1
1030	3.958	2492	6.277	43.88	1.037	391.0
1040	3.976	2532	6.316	44.15	1.037	392.8
1050	3.993	2572	6.354	44.42	1.037	394.7
1060	4.011	2612	6.392	44.68	1.037	396.5
1070	4.028	2652	6.429	44.95	1.037	398.4
1080	4.044	2692	6.467	45.21	1.037	400.2

TABLE AVII.5 Transport Properties of n-Butane

T (K)	$VS(T)E+6$ $[(N\,S)/M^2]$	$K(T)E+3$ $[W/(M\,K)]$	T (K)	$VS(T)E+6$ $[(N\,S)/M^2]$	$K(T)E+3$ $[W/(M\,K)]$
270	6.844		470	11.59	34.27
275	6.966		475	11.70	34.84
280	7.088	14.15	480	11.82	35.41
285	7.209	14.60	485	11.93	35.97
290	7.331	15.06	490	12.05	36.54
295	7.452	15.53	495	12.16	37.11
300	7.573	16.00	500	12.27	37.67
305	7.694	16.47	505	12.39	
310	7.815	16.96	510	12.50	
315	7.936	17.44	515	12.62	
320	8.056	17.94	520	12.73	
325	8.176	18.43			
330	8.297	18.94			
335	8.417	19.44			
340	8.536	19.96			
345	8.656	20.47			
350	8.775	20.99			
355	8.894	21.52			
360	9.014	22.04			
365	9.132	22.58			
370	9.251	23.11			
375	9.370	23.65			
380	9.488	24.19			
385	9.606	24.73			
390	9.724	25.28			
395	9.842	25.83			
400	9.959	26.38			
405	10.08	26.94			
410	10.19	27.49			
415	10.31	28.05			
420	10.43	28.61			
425	10.54	29.17			
430	10.66	29.74			
435	10.78	30.30			
440	10.89	30.86			
445	11.01	31.43			
450	11.13	32.00			
455	11.24	32.57			
460	11.36	33.13			
465	11.47	33.70			

Carbon Dioxide

At/mol wt. (KG/MOLE): 44.01
Gas constant [KJ/(KG K)]: .188919
At/mol formula: CO_2

Critical temperature (K): 304.1
Critical pressure (MPA): 7.38

Sat. temp. at one atmos. (K): 194.7

Thermodynamic Properties

$$CP(T) = \sum[A(N)T^N]$$
$$H(T) = \sum\{[1/(N+1)]A(N)T^{N+1}\}$$
$$E(T) = A(0)\,LOG(T) + \sum[(1/N)A(N)T^N]$$

Temperature range: $200 \leq T \leq 1000$

Coefficients:

$A(0) = 4.5386462\text{E-}1$
$A(1) = 1.5334795\text{E-}3$
$A(2) = -4.195556\text{E-}7$
$A(3) = -1.871946\text{E-}9$

$A(4) = 2.862388\text{E-}12$
$A(5) = -1.6962\text{E-}15$
$A(6) = 3.717285\text{E-}19$

Transport Properties

$$VS(T) = \sum[B(N)T^N]$$

Temperature range: $200 \leq T \leq 1000$

Coefficients:

$B(0) = -8.095191\text{E-}1$
$B(1) = 6.0395329\text{E-}2$
$B(2) = -2.824853\text{E-}5$
$B(3) = 9.843776\text{E-}9$

$B(4) = -1.47315277\text{E-}12$
$B(5) = 0.0$
$B(6) = 0.0$

$$K(T) = \sum [C(N)T^N]$$

Temperature range: $200 \le T < 600$

Coefficients:

$C(0) = 2.971488E\text{-}3$ $\qquad C(4) = 2.68500151E\text{-}13$
$C(1) = -1.33471677E\text{-}5$ $\qquad C(5) = 0.0$
$C(2) = 3.14443715E\text{-}7$ $\qquad C(6) = 0.0$
$C(3) = -4.75106178E\text{-}10$

Temperature range: $600 \le T \le 1000$

Coefficients:

$C(0) = 6.085375E\text{-}2$ $\qquad C(4) = 3.27864115E\text{-}13$
$C(1) = -3.63680275E\text{-}4$ $\qquad C(5) = 0.0$
$C(2) = 1.0134366E\text{-}6$ $\qquad C(6) = 0.0$
$C(3) = -9.7042356E\text{-}10$

TABLE AVII.6 *Thermodynamic Properties of Carbon Dioxide*

T (K)	CP(T) [KJ/(KG K)]	H(T) (KJ/KG)	E(T) [KJ/(KG K)]	IPR(T)	G(T)	A(T) (M/S)
200	0.733	119.7	2.699	14.29	1.347	225.6
210	0.745	127.1	2.735	14.48	1.340	230.5
220	0.757	134.6	2.770	14.66	1.333	235.3
230	0.769	142.3	2.804	14.84	1.326	240.0
240	0.780	150.0	2.837	15.02	1.320	244.6
250	0.791	157.9	2.869	15.19	1.314	249.1
260	0.802	165.8	2.900	15.35	1.308	253.5
270	0.813	173.9	2.931	15.51	1.303	257.8
280	0.824	182.1	2.961	15.67	1.297	262.0
290	0.834	190.4	2.990	15.82	1.293	266.1
300	0.845	198.8	3.018	15.98	1.288	270.2
310	0.855	207.3	3.046	16.12	1.284	274.2
320	0.865	215.9	3.073	16.27	1.279	278.1
330	0.875	224.6	3.100	16.41	1.275	282.0
340	0.884	233.4	3.126	16.55	1.272	285.8
350	0.894	242.3	3.152	16.68	1.268	289.6
360	0.902	251.3	3.177	16.82	1.265	293.3
370	0.912	260.3	3.202	16.95	1.261	296.9
380	0.921	269.5	3.227	17.08	1.258	300.5
390	0.929	278.7	3.251	17.21	1.255	304.1
400	0.938	288.1	3.274	17.33	1.252	307.6
410	0.946	297.5	3.298	17.45	1.250	311.1
420	0.953	307.0	3.320	17.58	1.247	314.5
430	0.962	316.6	3.343	17.70	1.244	317.9
440	0.970	326.2	3.365	17.81	1.242	321.3
450	0.977	336.0	3.387	17.93	1.240	324.6
460	0.985	345.8	3.409	18.04	1.237	327.9
470	0.992	355.7	3.430	18.16	1.235	331.2
480	1.000	365.6	3.451	18.27	1.233	334.4
490	1.007	375.7	3.472	18.38	1.231	337.6
500	1.013	385.8	3.492	18.48	1.229	340.7
510	1.020	395.9	3.512	18.59	1.227	343.9
520	1.027	406.2	3.532	18.70	1.225	347.0
530	1.033	416.5	3.552	18.80	1.224	350.0
540	1.040	426.8	3.571	18.90	1.222	353.1
550	1.046	437.3	3.590	19.00	1.220	356.1
560	1.052	447.8	3.609	19.10	1.219	359.1
570	1.058	458.3	3.628	19.20	1.217	362.1
580	1.064	468.9	3.646	19.30	1.216	365.0
590	1.069	479.6	3.664	19.40	1.215	367.9

TABLE AVII.6 *(Continued)* Thermodynamic Properties of Carbon Dioxide

T (K)	CP(T) [KJ/(KG K)]	H(T) (KJ/KG)	E(T) [KJ/(KG K)]	IPR(T)	G(T)	A(T) (M/S)
600	1.075	490.3	3.682	19.49	1.213	370.8
610	1.080	501.1	3.700	19.59	1.212	373.7
620	1.086	511.9	3.718	19.68	1.211	376.6
630	1.091	522.8	3.735	19.77	1.209	379.4
640	1.096	533.7	3.752	19.86	1.208	382.2
650	1.101	544.7	3.769	19.95	1.207	385.0
660	1.106	555.8	3.786	20.04	1.206	387.8
670	1.111	566.8	3.803	20.13	1.205	390.5
680	1.116	578.0	3.820	20.22	1.204	393.2
690	1.121	589.2	3.836	20.30	1.203	396.0
700	1.126	600.4	3.852	20.39	1.202	398.6
710	1.130	611.7	3.868	20.47	1.201	401.3
720	1.135	623.0	3.884	20.56	1.200	404.0
730	1.139	634.4	3.900	20.64	1.199	406.6
740	1.143	645.8	3.915	20.72	1.198	409.2
750	1.148	657.2	3.930	20.80	1.197	411.8
760	1.152	668.7	3.946	20.89	1.196	414.4
770	1.156	680.3	3.961	20.97	1.195	417.0
780	1.160	691.9	3.976	21.04	1.195	419.6
790	1.164	703.5	3.990	21.12	1.194	422.1
800	1.168	715.1	4.005	21.20	1.193	424.6
810	1.172	726.8	4.020	21.28	1.192	427.1
820	1.175	738.6	4.034	21.35	1.192	429.6
830	1.179	750.3	4.048	21.43	1.191	432.1
840	1.183	762.1	4.062	21.50	1.190	434.6
850	1.186	774.0	4.077	21.58	1.189	437.0
860	1.190	785.9	4.090	21.65	1.189	439.5
870	1.193	797.8	4.104	21.72	1.188	441.9
880	1.197	809.7	4.118	21.80	1.187	444.3
890	1.200	821.7	4.131	21.87	1.187	446.7
900	1.203	833.7	4.145	21.94	1.186	449.1
910	1.207	845.8	4.158	22.01	1.186	451.5
920	1.210	857.9	4.171	22.08	1.185	453.8
930	1.213	870.0	4.184	22.15	1.184	456.2
940	1.216	882.1	4.197	22.22	1.184	458.5
950	1.219	894.3	4.210	22.29	1.183	460.8
960	1.222	906.5	4.223	22.35	1.183	463.2
970	1.225	918.8	4.236	22.42	1.182	465.5
980	1.228	931.0	4.248	22.49	1.182	467.8
990	1.231	943.3	4.261	22.55	1.181	470.0
1000	1.234	955.6	4.273	22.62	1.181	472.3

TABLE AVII.7 *Transport Properties of Carbon Dioxide*

T (K)	VS(T)E+6 [(N S)/M^2]	K(T)E+3 [W/(M K)]	T (K)	VS(T)E+6 [(N S)/M^2]	K(T)E+3 [W/(M K)]
200	10.22	9.509	600	27.19	40.34
210	10.72	10.16	610	27.55	41.24
220	11.21	10.82	620	27.91	42.10
230	11.70	11.51	630	28.26	42.96
240	12.19	12.20	640	28.61	43.82
250	12.67	12.91	650	28.95	44.66
260	13.15	13.63	660	29.30	45.50
270	13.62	14.37	670	29.64	46.32
280	14.09	15.11	680	29.98	47.13
290	14.56	15.86	690	30.31	47.94
300	15.02	16.61	700	30.65	48.73
310	15.48	17.38	710	30.98	49.50
320	15.93	18.15	720	31.31	50.27
330	16.38	18.92	730	31.64	51.02
340	16.83	19.70	740	31.96	51.76
350	17.27	20.48	750	32.28	52.49
360	17.71	21.26	760	32.60	53.21
370	18.14	22.05	770	32.92	53.91
380	18.57	22.83	780	33.24	54.60
390	19.00	23.62	790	33.55	55.28
400	19.42	24.41	800	33.86	55.95
410	19.84	25.20	810	34.17	56.60
420	20.26	25.99	820	34.48	57.24
430	20.67	26.78	830	34.79	57.88
440	21.08	27.57	840	35.09	58.50
450	21.48	28.36	850	35.39	59.12
460	21.89	29.15	860	35.69	59.73
470	22.29	29.93	870	35.99	60.33
480	22.68	30.72	880	36.29	60.92
490	23.07	31.51	890	36.58	61.51
500	23.46	32.30	900	36.87	62.10
510	23.85	33.09	910	37.17	62.68
520	24.23	33.88	920	37.45	63.26
530	24.61	34.68	930	37.74	63.84
540	24.99	35.47	940	38.03	64.43
550	25.37	36.27	950	38.31	65.01
560	25.74	37.08	960	38.59	65.61
570	26.11	37.88	970	38.87	66.20
580	26.47	38.69	980	39.15	66.81
590	26.83	39.51	990	39.43	67.42
			1000	39.71	68.05

Carbon Monoxide

At/mol wt. (KG/MOLE): 28.011

Gas constant [KJ/(KG-K)]: .296828

At/mol formula: CO

Critical temperature (K): 132.9

Critical pressure (MPA): 3.5

Sat. temp. at one atmos. (K): 81.6

Thermodynamic Properties

$$CP(T) = \sum [A(N)T^N]$$
$$H(T) = \sum \{[1/(N+1)]A(N)T^{N+1}\}$$
$$E(T) = A(0) \, LOG(T) + \sum [(1/N)A(N)T^N]$$

Temperature range: $250 \leq T \leq 1050$

Coefficients:

A(0) = 1.020802
A(1) = 3.82075E-4
A(2) = −2.4945E-6
A(3) = 6.81145E-9

A(4) = −7.93722E-12
A(5) = 4.291972E-15
A(6) = −8.903274E-19

Transport Properties

$$VS(T) = \sum [B(N)T^N]$$

Temperature range: $250 \leq T \leq 1050$

Coefficients:

B(0) = −5.24575E-1
B(1) = 7.9606E-2
B(2) = −7.82295E-5
B(3) = 6.2821488E-8

B(4) = −2.83747E-11
B(5) = 5.317831E-15
B(6) = 0.0

Transport Properties of Carbon Monoxide (Continued)

$$K(T) = \sum[C(N)T^N]$$

Temperature range: $250 \leq T \leq 1050$

Coefficients:

C(0) = −7.41704398E-4   C(4) = 3.65528473E-14
C(1) = 9.87435265E-5   C(5) = −1.2427179E-17
C(2) = −3.77511167E-8   C(6) = 0.0
C(3) = −1.99334224E-11

TABLE AVII.8 Thermodynamic Properties of Carbon Monoxide

T (K)	CP(T) [KJ/(KG K)]	H(T) (KJ/KG)	E(T) [KJ/(KG K)]	IPR(T)	G(T)	A(T) (M/S)
250	1.040	259.4	5.682	19.14	1.400	322.3
260	1.040	269.8	5.723	19.28	1.400	328.6
270	1.040	280.2	5.762	19.41	1.400	334.9
280	1.040	290.6	5.800	19.54	1.399	341.0
290	1.040	301.0	5.837	19.66	1.399	347.1
300	1.040	311.4	5.872	19.78	1.399	353.0
310	1.041	321.8	5.906	19.90	1.399	358.8
320	1.041	332.2	5.939	20.01	1.399	364.5
330	1.042	342.6	5.971	20.12	1.399	370.1
340	1.042	353.1	6.002	20.22	1.398	375.7
350	1.043	363.5	6.033	20.32	1.398	381.1
360	1.044	373.9	6.062	20.42	1.398	386.4
370	1.044	384.4	6.091	20.52	1.397	391.7
380	1.045	394.8	6.118	20.61	1.397	396.9
390	1.046	405.3	6.146	20.70	1.396	402.0
400	1.048	415.7	6.172	20.79	1.395	407.0
410	1.049	426.2	6.198	20.88	1.395	412.0
420	1.050	436.7	6.223	20.97	1.394	416.9
430	1.052	447.2	6.248	21.05	1.393	421.7
440	1.053	457.7	6.272	21.13	1.393	426.5
450	1.055	468.3	6.296	21.21	1.392	431.2
460	1.056	478.8	6.319	21.29	1.391	435.8
470	1.058	489.4	6.342	21.37	1.390	440.4
480	1.060	500.0	6.364	21.44	1.389	444.9
490	1.062	510.6	6.386	21.51	1.388	449.3
500	1.064	521.2	6.407	21.59	1.387	453.7
510	1.066	531.9	6.428	21.66	1.386	458.1
520	1.068	542.5	6.449	21.73	1.385	462.3
530	1.070	553.2	6.470	21.80	1.384	466.6
540	1.072	563.9	6.490	21.86	1.383	470.8
550	1.075	574.7	6.509	21.93	1.382	474.9
560	1.077	585.4	6.529	21.99	1.380	479.0
570	1.079	596.2	6.548	22.06	1.379	483.1
580	1.082	607.0	6.567	22.12	1.378	487.1
590	1.084	617.9	6.585	22.18	1.377	491.1
600	1.087	628.7	6.603	22.25	1.376	495.0
610	1.089	639.6	6.621	22.31	1.375	498.9
620	1.092	650.5	6.639	22.37	1.373	502.7
630	1.095	661.4	6.657	22.43	1.372	506.5
640	1.097	672.4	6.674	22.48	1.371	510.3

Continued

TABLE AVII.8 *(Continued)* *Thermodynamic Properties of Carbon Monoxide*

T (K)	CP(T) [KJ/(KG K)]	H(T) (KJ/KG)	E(T) [KJ/(KG K)]	IPR(T)	G(T)	A(T) (M/S)
650	1.100	683.4	6.691	22.54	1.370	514.1
660	1.102	694.4	6.708	22.60	1.368	517.8
670	1.105	705.4	6.724	22.65	1.367	521.4
680	1.108	716.5	6.741	22.71	1.366	525.1
690	1.110	727.6	6.757	22.76	1.365	528.7
700	1.113	738.7	6.773	22.82	1.364	532.3
710	1.116	749.8	6.789	22.87	1.362	535.8
720	1.118	761.0	6.804	22.92	1.361	539.4
730	1.121	772.2	6.820	22.98	1.360	542.9
740	1.124	783.4	6.835	23.03	1.359	546.3
750	1.126	794.7	6.850	23.08	1.358	549.8
760	1.129	806.0	6.865	23.13	1.357	553.2
770	1.132	817.3	6.880	23.18	1.356	556.6
780	1.134	828.6	6.894	23.23	1.354	560.0
790	1.137	840.0	6.909	23.28	1.353	563.3
800	1.139	851.3	6.923	23.32	1.352	566.7
810	1.142	862.7	6.937	23.37	1.351	570.0
820	1.144	874.2	6.951	23.42	1.350	573.3
830	1.147	885.6	6.965	23.47	1.349	576.5
840	1.149	897.1	6.979	23.51	1.348	579.8
850	1.152	908.6	6.993	23.56	1.347	583.0
860	1.154	920.1	7.006	23.60	1.346	586.2
870	1.156	931.7	7.019	23.65	1.345	589.4
880	1.159	943.3	7.033	23.69	1.344	592.6
890	1.161	954.9	7.046	23.74	1.343	595.7
900	1.163	966.5	7.059	23.78	1.343	598.9
910	1.165	978.1	7.072	23.82	1.342	602.0
920	1.168	989.8	7.084	23.87	1.341	605.1
930	1.170	1001.	7.097	23.91	1.340	608.2
940	1.172	1013.	7.110	23.95	1.339	611.3
950	1.174	1025.	7.122	23.99	1.338	614.3
960	1.176	1037.	7.134	24.04	1.338	617.4
970	1.178	1048.	7.146	24.08	1.337	620.4
980	1.180	1060.	7.159	24.12	1.336	623.4
990	1.182	1072.	7.171	24.16	1.335	626.4
1000	1.184	1084.	7.182	24.20	1.334	629.4
1010	1.186	1096.	7.194	24.24	1.334	632.3
1020	1.188	1108.	7.206	24.28	1.333	635.3
1030	1.190	1120.	7.218	24.32	1.332	638.2
1040	1.192	1131.	7.229	24.35	1.332	641.1
1050	1.194	1143.	7.240	24.39	1.331	644.1

TABLE AVII.9 *Transport Properties of Carbon Monoxide*

T (K)	VS(T)E + 6 [(N S)/M²]	K(T)E + 3 [W/(M K)]	T (K)	VS(T)E + 6 [(N S)/M²]	K(T)E + 3 [W/(M K)]
250	15.36	21.40	650	30.97	47.10
260	15.87	22.18	660	31.28	47.63
270	16.36	22.95	670	31.59	48.16
280	16.85	23.71	680	31.89	48.69
290	17.32	24.47	690	32.20	49.21
300	17.80	25.21	700	32.50	49.73
310	18.26	25.95	710	32.79	50.25
320	18.72	26.68	720	33.09	50.76
330	19.17	27.40	730	33.38	51.27
340	19.61	28.12	740	33.67	51.78
350	20.05	28.82	750	33.96	52.29
360	20.48	29.52	760	34.25	52.79
370	20.91	30.21	770	34.53	53.29
380	21.33	30.90	780	34.82	53.79
390	21.74	31.58	790	35.10	54.29
400	22.15	32.25	800	35.38	54.79
410	22.55	32.91	810	35.66	55.28
420	22.95	33.57	820	35.93	55.77
430	23.34	34.22	830	36.21	56.26
440	23.73	34.86	840	36.48	56.75
450	24.12	35.50	850	36.75	57.24
460	24.49	36.13	860	37.02	57.73
470	24.87	36.76	870	37.28	58.21
480	25.24	37.38	880	37.55	58.70
490	25.60	37.99	890	37.81	59.18
500	25.97	38.60	900	38.08	59.66
510	26.32	39.20	910	38.34	60.14
520	26.68	39.79	920	38.60	60.62
530	27.03	40.38	930	38.85	61.10
540	27.37	40.97	940	39.11	61.58
550	27.72	41.55	950	39.36	62.06
560	28.06	42.13	960	39.62	62.54
570	28.39	42.70	970	39.87	63.02
580	28.73	43.26	980	40.12	63.49
590	29.06	43.82	990	40.37	63.97
600	29.38	44.38	1000	40.62	64.44
610	29.71	44.93	1010	40.86	64.92
620	30.03	45.48	1020	41.11	65.39
630	30.34	46.02	1030	41.35	65.87
640	30.66	46.56	1040	41.59	66.34
			1050	41.83	66.81

Ethane

At/mol wt. (KG/MOLE): 30.07
Gas constant [KJ/(KG K)]: .276498
At/mol formula: C_2H_6

Critical temperature (K): 305.4
Critical pressure (MPA): 4.88

Sat. temp. at one atmos. (K): 184.6

Thermodynamic Properties

$$CP(T) = \sum[A(N)T^N]$$
$$H(T) = \sum\{[1/(N+1)]A(N)T^{N+1}\}$$
$$E(T) = A(0) \, LOG(T) + \sum[(1/N)A(N)T^N]$$

Temperature range: $280 \leq T < 755$

Coefficients:

$A(0) = 5.319795E\text{-}1$ $A(4) = 0.0$
$A(1) = 3.755877E\text{-}3$ $A(5) = 0.0$
$A(2) = 1.789289E\text{-}6$ $A(6) = 0.0$
$A(3) = -2.13225E\text{-}9$

Temperature range: $755 \leq T \leq 1080$

Coefficients:

$A(0) = 3.7183729$ $A(4) = 1.382794E\text{-}11$
$A(1) = -1.0891558E\text{-}2$ $A(5) = -2.52553E\text{-}15$
$A(2) = 2.95115E\text{-}5$ $A(6) = 0.0$
$A(3) = -2.95597E\text{-}8$

Transport Properties

$$VS(T) = \sum[B(N)T^N]$$

Temperature range: $200 \leq T \leq 1000$

Coefficients:

$B(0) = -5.107728E\text{-}1$ $B(4) = 0.0$
$B(1) = 3.76582E\text{-}2$ $B(5) = 0.0$
$B(2) = -1.59412113E\text{-}5$ $B(6) = 0.0$
$B(3) = 3.906E\text{-}9$

EQUATIONS AND TABLES FOR IDEAL GASES

$$K(T) = \sum[C(N)T^N]$$

Temperature range: $200 \leq T \leq 1000$

Coefficients:

$C(0) = -3.83815197\text{E-}2$ $C(4) = -1.369896\text{E-}11$
$C(1) = 5.47282126\text{E-}4$ $C(5) = 1.05765043\text{E-}14$
$C(2) = -2.80760648\text{E-}6$ $C(6) = -3.16347435\text{E-}18$
$C(3) = 8.74854603\text{E-}9$

TABLE AVII.10 *Thermodynamic Properties of Ethane*

T (K)	CP(T) [KJ/(KG K)]	H(T) (KJ/KG)	E(T) [KJ/(KG K)]	IPR(T)	G(T)	A(T) (M/S)
280	1.677	306.0	4.104	14.84	1.197	304.5
290	1.720	323.0	4.163	15.06	1.192	309.1
300	1.762	340.4	4.222	15.27	1.186	313.7
310	1.805	358.2	4.281	15.48	1.181	318.2
320	1.847	376.5	4.339	15.69	1.176	322.6
330	1.890	395.2	4.396	15.90	1.171	326.9
340	1.932	414.3	4.453	16.11	1.167	331.2
350	1.974	433.8	4.510	16.31	1.163	335.5
360	2.017	453.8	4.566	16.51	1.159	339.6
370	2.059	474.1	4.622	16.72	1.155	343.8
380	2.101	494.9	4.677	16.92	1.152	347.8
390	2.142	516.2	4.733	17.12	1.148	351.9
400	2.184	537.8	4.787	17.31	1.145	355.9
410	2.226	559.8	4.842	17.51	1.142	359.8
420	2.267	582.3	4.896	17.71	1.139	363.7
430	2.308	605.2	4.950	17.90	1.136	367.5
440	2.349	628.5	5.003	18.10	1.133	371.3
450	2.390	652.2	5.057	18.29	1.131	375.1
460	2.431	676.3	5.110	18.48	1.128	378.8
470	2.471	700.8	5.162	18.67	1.126	382.5
480	2.511	725.7	5.215	18.86	1.124	386.2
490	2.551	751.0	5.267	19.05	1.122	389.8
500	2.591	776.7	5.319	19.24	1.119	393.4
510	2.630	802.8	5.370	19.42	1.117	397.0
520	2.669	829.3	5.422	19.61	1.116	400.5
530	2.708	856.2	5.473	19.79	1.114	404.0
540	2.746	883.5	5.524	19.98	1.112	407.5
550	2.784	911.1	5.575	20.16	1.110	410.9
560	2.822	939.1	5.625	20.35	1.109	414.3
570	2.859	967.6	5.676	20.53	1.107	417.7
580	2.896	996.3	5.726	20.71	1.106	421.1
590	2.933	1025	5.776	20.89	1.104	424.4
600	2.969	1055	5.825	21.07	1.103	427.7
610	3.005	1085	5.874	21.25	1.101	431.0
620	3.040	1115	5.924	21.42	1.100	434.3
630	3.075	1146	5.973	21.60	1.099	437.5
640	3.110	1177	6.021	21.78	1.098	440.7
650	3.144	1208	6.070	21.95	1.096	443.9
660	3.177	1239	6.118	22.13	1.095	447.1
670	3.210	1271	6.166	22.30	1.094	450.2

TABLE AVII.10 *(Continued)*   *Thermodynamic Properties of Ethane*

T (K)	CP(T) [KJ/(KG K)]	H(T) (KJ/KG)	E(T) [KJ/(KG K)]	IPR(T)	G(T)	A(T) (M/S)
680	3.243	1304	6.214	22.47	1.093	453.4
690	3.275	1336	6.261	22.65	1.092	456.5
700	3.306	1369	6.309	22.82	1.091	459.6
710	3.337	1402	6.356	22.99	1.090	462.7
720	3.368	1436	6.403	23.16	1.089	465.7
730	3.398	1470	6.449	23.33	1.089	468.7
740	3.427	1504	6.496	23.49	1.088	471.8
750	3.456	1538	6.542	23.66	1.087	474.8
760	3.484	1573	6.588	23.83	1.086	477.8
770	3.512	1608	6.634	23.99	1.085	480.7
780	3.539	1643	6.679	24.16	1.085	483.7
790	3.567	1679	6.724	24.32	1.084	486.6
800	3.594	1715	6.770	24.48	1.083	489.5
810	3.621	1751	6.814	24.65	1.083	492.4
820	3.648	1787	6.859	24.81	1.082	495.3
830	3.675	1824	6.903	24.97	1.081	498.2
840	3.701	1860	6.947	25.13	1.081	501.0
850	3.727	1898	6.991	25.29	1.080	503.8
860	3.753	1935	7.035	25.44	1.080	506.7
870	3.778	1973	7.079	25.60	1.079	509.5
880	3.803	2011	7.122	25.76	1.078	512.2
890	3.828	2049	7.165	25.91	1.078	515.0
900	3.852	2087	7.208	26.07	1.077	517.8
910	3.877	2126	7.251	26.22	1.077	520.5
920	3.901	2165	7.293	26.38	1.076	523.2
930	3.924	2204	7.336	26.53	1.076	526.0
940	3.948	2243	7.378	26.68	1.075	528.7
950	3.971	2283	7.420	26.83	1.075	531.4
960	3.993	2323	7.461	26.98	1.074	534.0
970	4.016	2363	7.503	27.13	1.074	536.7
980	4.038	2403	7.544	27.28	1.074	539.3
990	4.060	2443	7.585	27.43	1.073	542.0
1000	4.081	2484	7.626	27.58	1.073	544.6
1010	4.102	2525	7.667	27.73	1.072	547.2
1020	4.123	2566	7.707	27.87	1.072	549.8
1030	4.144	2607	7.748	28.02	1.071	552.4
1040	4.164	2649	7.788	28.17	1.071	555.0
1050	4.184	2691	7.828	28.31	1.071	557.6
1060	4.204	2733	7.867	28.45	1.070	560.1
1070	4.224	2775	7.907	28.60	1.070	562.7
1080	4.243	2817	7.946	28.74	1.070	565.2

TABLE AVII.11 *Transport Properties of Ethane*

T (K)	VS(T)E + 6 [(N S)/M²]	K(T)E + 3 [W/(M K)]	T (K)	VS(T)E + 6 [(N S)/M²]	K(T)E + 3 [W/(M K)]
200	6.414	10.02	600	17.19	68.38
210	6.731	11.16	610	17.42	70.07
220	7.044	12.29	620	17.64	71.77
230	7.355	13.42	630	17.86	73.48
240	7.663	14.56	640	18.08	75.21
250	7.968	15.70	650	18.30	76.95
260	8.271	16.87	660	18.52	78.72
270	8.572	18.06	670	18.74	80.51
280	8.869	19.27	680	18.95	82.32
290	9.165	20.50	690	19.17	84.16
300	9.457	21.76	700	19.38	86.03
310	9.748	23.05	710	19.59	87.94
320	10.04	24.37	720	19.80	89.89
330	10.32	25.72	730	20.00	91.87
340	10.60	27.09	740	20.21	93.90
350	10.88	28.49	750	20.41	95.98
360	11.16	29.92	760	20.62	98.11
370	11.44	31.38	770	20.82	100.3
380	11.71	32.85	780	21.02	102.5
390	11.98	34.35	790	21.22	104.8
400	12.25	35.87	800	21.41	107.2
410	12.52	37.41	810	21.61	109.6
420	12.78	38.97	820	21.80	112.0
430	13.05	40.54	830	22.00	114.6
440	13.31	42.12	840	22.19	117.2
450	13.56	43.72	850	22.38	119.8
460	13.82	45.33	860	22.57	122.5
470	14.07	46.94	870	22.76	125.3
480	14.32	48.57	880	22.95	128.1
490	14.57	50.19	890	23.13	131.0
500	14.82	51.83	900	23.32	133.9
510	15.07	53.47	910	23.50	136.9
520	15.31	55.11	920	23.68	139.9
530	15.55	56.75	930	23.87	142.9
540	15.79	58.40	940	24.05	146.0
550	16.03	60.05	950	24.23	149.0
560	16.26	61.71	960	24.41	152.1
570	16.50	63.37	970	24.58	155.1
580	16.73	65.03	980	24.76	158.1
590	16.96	66.71	990	24.94	161.0
			1000	25.11	163.9

Helium

At/mol wt. (KG/MOLE): 4.003
Gas constant [KJ/(KG K)]: 2.077022
At/mol formula: He

Critical temperature (K): 5.189
Critical pressure (MPA): .23
Sat. temp. at one atmos. (K): 4.3

Thermodynamic Properties

$$CP(T) = \sum [A(N)T^N]$$
$$H(T) = \sum \{[1/(N+1)]A(N)T^{N+1}\}$$
$$E(T) = A(0)\,LOG(T) + \sum [(1/N)A(N)T^N]$$

Temperature range: $250 \leq T \leq 1050$

Coefficients:

$A(0) = 5.1931$
$A(1) = 0.0$
$A(2) = 0.0$
$A(3) = 0.0$
$A(4) = 0.0$
$A(5) = 0.0$
$A(6) = 0.0$

Transport Properties

$$VS(T) = \sum [B(N)T^N]$$

Temperature range: $250 \leq T < 500$

Coefficients:

$B(0) = 3.9414E\text{-}1$
$B(1) = 1.7213335E\text{-}1$
$B(2) = -1.38733E\text{-}3$
$B(3) = 8.020045E\text{-}6$
$B(4) = -2.4278655E\text{-}8$
$B(5) = 3.641644E\text{-}11$
$B(6) = -2.14117E\text{-}14$

142 APPENDIX VII

Transport Properties of Helium (Continued)

Temperature range: $500 \leq T \leq 1050$

Coefficients:

$B(0) = 7.442412$ $\quad\quad\quad B(4) = 0.0$
$B(1) = 4.6649873E\text{-}2$ $\quad B(5) = 0.0$
$B(2) = -1.0385665E\text{-}5$ $\quad B(6) = 0.0$
$B(3) = 1.35269E\text{-}9$

$$K(T) = \sum[C(N)T^N]$$

Temperature range: $250 \leq T < 300$

Coefficients:

$C(0) = 1.028793E\text{-}2$ $\quad\quad C(4) = -1.3477236E\text{-}11$
$C(1) = 8.51625139E\text{-}4$ $\quad C(5) = 0.0$
$C(2) = -3.14258034E\text{-}6$ $\quad C(6) = 0.0$
$C(3) = 1.02188556E\text{-}8$

Temperature range: $300 \leq T < 500$

Coefficients:

$C(0) = -7.761491E\text{-}3$ $\quad C(4) = 0.0$
$C(1) = 8.66192033E\text{-}4$ $\quad C(5) = 0.0$
$C(2) = -1.5559338E\text{-}6$ $\quad C(6) = 0.0$
$C(3) = 1.40150565E\text{-}9$

Temperature range: $500 \leq T \leq 1050$

Coefficients:

$C(0) = -9.0656E\text{-}2$ $\quad\quad C(4) = -1.26457196E\text{-}13$
$C(1) = 9.37593087E\text{-}4$ $\quad C(5) = 0.0$
$C(2) = -9.13347535E\text{-}7$ $\quad C(6) = 0.0$
$C(3) = 5.55037072E\text{-}10$

TABLE AVII.12 *Thermodynamic Properties of Helium*

T (K)	CP(T) [KJ/(KG K)]	H(T) (KJ/KG)	E(T) [KJ/(KG K)]	IPR(T)	G(T)	A(T) (M/S)
250	5.193	1298	28.67	13.81	1.667	930.3
260	5.193	1350	28.88	13.90	1.667	948.7
270	5.193	1402	29.07	14.00	1.667	966.7
280	5.193	1454	29.26	14.09	1.667	984.5
290	5.193	1506	29.44	14.18	1.667	1002
300	5.193	1558	29.62	14.26	1.667	1019
310	5.193	1610	29.79	14.34	1.667	1036
320	5.193	1662	29.96	14.42	1.667	1052
330	5.193	1714	30.12	14.50	1.667	1069
340	5.193	1766	30.27	14.57	1.667	1085
350	5.193	1818	30.42	14.65	1.667	1101
360	5.193	1870	30.57	14.72	1.667	1116
370	5.193	1921	30.71	14.79	1.667	1132
380	5.193	1973	30.85	14.85	1.667	1147
390	5.193	2025	30.98	14.92	1.667	1162
400	5.193	2077	31.11	14.98	1.667	1177
410	5.193	2129	31.24	15.04	1.667	1191
420	5.193	2181	31.37	15.10	1.667	1206
430	5.193	2233	31.49	15.16	1.667	1220
440	5.193	2285	31.61	15.22	1.667	1234
450	5.193	2337	31.73	15.27	1.667	1248
460	5.193	2389	31.84	15.33	1.667	1262
470	5.193	2441	31.95	15.38	1.667	1275
480	5.193	2493	32.06	15.44	1.667	1289
490	5.193	2545	32.17	15.49	1.667	1302
500	5.193	2597	32.27	15.54	1.667	1316
510	5.193	2648	32.38	15.59	1.667	1329
520	5.193	2700	32.48	15.64	1.667	1342
530	5.193	2752	32.58	15.68	1.667	1354
540	5.193	2804	32.67	15.73	1.667	1367
550	5.193	2856	32.77	15.78	1.667	1380
560	5.193	2908	32.86	15.82	1.667	1392
570	5.193	2960	32.95	15.87	1.667	1405
580	5.193	3012	33.04	15.91	1.667	1417
590	5.193	3064	33.13	15.95	1.667	1429
600	5.193	3116	33.22	15.99	1.667	1441
610	5.193	3168	33.31	16.04	1.667	1453
620	5.193	3220	33.39	16.08	1.667	1465
630	5.193	3272	33.47	16.12	1.667	1477
640	5.193	3324	33.56	16.16	1.667	1488

Continued

TABLE AVII.12 *(Continued)* Thermodynamic Properties of Helium

T (K)	CP(T) [KJ/(KG K)]	H(T) (KJ/KG)	E(T) [KJ/(KG K)]	IPR(T)	G(T)	A(T) (M/S)
650	5.193	3376	33.64	16.19	1.667	1500
660	5.193	3427	33.71	16.23	1.667	1511
670	5.193	3479	33.79	16.27	1.667	1523
680	5.193	3531	33.87	16.31	1.667	1534
690	5.193	3583	33.95	16.34	1.667	1545
700	5.193	3635	34.02	16.38	1.667	1557
710	5.193	3687	34.09	16.41	1.667	1568
720	5.193	3739	34.17	16.45	1.667	1579
730	5.193	3791	34.24	16.48	1.667	1590
740	5.193	3843	34.31	16.52	1.667	1600
750	5.193	3895	34.38	16.55	1.667	1611
760	5.193	3947	34.45	16.59	1.667	1622
770	5.193	3999	34.52	16.62	1.667	1633
780	5.193	4051	34.58	16.65	1.667	1643
790	5.193	4103	34.65	16.68	1.667	1654
800	5.193	4154	34.71	16.71	1.667	1664
810	5.193	4206	34.78	16.74	1.667	1674
820	5.193	4258	34.84	16.78	1.667	1685
830	5.193	4310	34.91	16.81	1.667	1695
840	5.193	4362	34.97	16.84	1.667	1705
850	5.193	4414	35.03	16.86	1.667	1715
860	5.193	4466	35.09	16.89	1.667	1725
870	5.193	4518	35.15	16.92	1.667	1735
880	5.193	4570	35.21	16.95	1.667	1745
890	5.193	4622	35.27	16.98	1.667	1755
900	5.193	4674	35.33	17.01	1.667	1765
910	5.193	4726	35.38	17.04	1.667	1775
920	5.193	4778	35.44	17.06	1.667	1785
930	5.193	4830	35.50	17.09	1.667	1794
940	5.193	4882	35.55	17.12	1.667	1804
950	5.193	4933	35.61	17.14	1.667	1813
960	5.193	4985	35.66	17.17	1.667	1823
970	5.193	5037	35.71	17.20	1.667	1832
980	5.193	5089	35.77	17.22	1.667	1842
990	5.193	5141	35.82	17.25	1.667	1851
1000	5.193	5193	35.87	17.27	1.667	1861
1010	5.193	5245	35.92	17.30	1.667	1870
1020	5.193	5297	35.98	17.32	1.667	1879
1030	5.193	5349	36.03	17.35	1.667	1888
1040	5.193	5401	36.08	17.37	1.667	1897
1050	5.193	5453	36.13	17.39	1.667	1906

TABLE AVII.13 *Transport Properties of Helium*

T (K)	VS(T)E+6 [(N S)/M²]	K(T)E+3 [W/(M K)]	T (K)	VS(T)E+6 [(N S)/M²]	K(T)E+3 [W/(M K)]
250	17.53	133.8	650	33.75	262.7
260	18.03	137.3	660	34.10	265.9
270	18.52	140.6	670	34.44	269.0
280	19.01	143.9	680	34.79	272.1
290	19.48	146.9	690	35.13	275.1
300	19.94	149.7	700	35.47	278.1
310	20.39	153.0	710	35.81	281.1
320	20.84	156.0	720	36.15	284.1
330	21.27	159.0	730	36.49	287.1
340	21.70	162.0	740	36.82	290.0
350	22.13	164.9	750	37.16	292.9
360	22.55	167.8	760	37.49	295.8
370	22.97	170.7	770	37.82	298.7
380	23.38	173.6	780	38.15	301.6
390	23.80	176.5	790	38.48	304.4
400	24.23	179.5	800	38.81	307.3
410	24.65	182.4	810	39.13	310.1
420	25.08	185.4	820	39.46	312.9
430	25.51	188.4	830	39.78	315.7
440	25.93	191.5	840	40.10	318.5
450	26.36	194.7	850	40.42	321.3
460	26.77	197.9	860	40.74	324.0
470	27.17	201.2	870	41.06	326.8
480	27.55	204.5	880	41.37	329.5
490	27.88	208.0	890	41.69	332.3
500	28.17	211.5	900	42.00	335.0
510	28.71	215.0	910	42.31	337.8
520	29.08	218.7	920	42.62	340.5
530	29.45	222.4	930	42.93	343.2
540	29.82	226.0	940	43.24	345.9
550	30.18	229.5	950	43.55	348.6
560	30.55	233.0	960	43.85	351.3
570	30.91	236.5	970	44.16	354.1
580	31.27	239.9	980	44.46	356.8
590	31.63	243.3	990	44.76	359.5
600	31.99	246.6	1000	45.06	362.2
610	32.34	249.9	1010	45.36	364.9
620	32.70	253.2	1020	45.66	367.6
630	33.05	256.4	1030	45.95	370.3
640	33.40	259.6	1040	46.25	373.0
			1050	46.54	375.7

Hydrogen

At/mol wt. (KG/MOLE): 2.016
Gas constant [KJ/(KG K)]: 4.124289
At/mol formula: H_2

Critical temperature (K): 33.3
Critical pressure (MPA): 1.3
Sat. temp. at one atmos. (K): 20.4

Thermodynamic Properties

$$CP(T) = \sum [A(N)T^N]$$
$$H(T) = \sum \{[1/(N+1)]A(N)T^{N+1}\}$$
$$E(T) = A(0)\,LOG(T) + \sum [(1/N)A(N)T^N]$$

Temperature range: $250 \leq T < 425$

Coefficients:

A(0) = 5.0066253
A(1) = 1.01569422E-1
A(2) = -6.02891517E-4
A(3) = 2.7375894E-6
A(4) = -8.4758275E-9
A(5) = 1.43800374-11
A(6) = -9.8072403E-15

Temperature range: $425 \leq T < 490$

Coefficients:

A(0) = 1.44947E+1
A(1) = 0.0
A(2) = 0.0
A(3) = 0.0
A(4) = 0.0
A(5) = 0.0
A(6) = 0.0

Temperature range: $490 \leq T \leq 1050$

Coefficients:

A(0) = 1.4920082E+1
A(1) = -1.996917584E-3
A(2) = 2.540615E-6
A(3) = -4.7588954E-10
A(4) = 0.0
A(5) = 0.0
A(6) = 0.0

EQUATIONS AND TABLES FOR IDEAL GASES

Transport Properties

$$VS(T) = \sum[B(N)T^N]$$

Temperature range: $250 \leq T < 500$

Coefficients:

$B(0) = -1.35666E\text{-}1$ $B(4) = -5.23104E\text{-}9$
$B(1) = 6.84115878E\text{-}2$ $B(5) = 7.4490972E\text{-}12$
$B(2) = -3.928747E\text{-}4$ $B(6) = -4.250937E\text{-}15$
$B(3) = 1.8996E\text{-}6$

Temperature range: $500 \leq T \leq 1050$

Coefficients:

$B(0) = 2.72941$ $B(4) = -5.2889938E\text{-}13$
$B(1) = 2.3224377E\text{-}2$ $B(5) = 0.0$
$B(2) = -7.6287854E\text{-}6$ $B(6) = 0.0$
$B(3) = 2.92585E\text{-}9$

$$K(T) = \sum[C(N)T^N]$$

Temperature range: $250 \leq T < 500$

Coefficients:

$C(0) = 2.009705E\text{-}2$ $C(4) = 5.52407932E\text{-}12$
$C(1) = 3.234622E\text{-}4$ $C(5) = 0.0$
$C(2) = 2.1637249E\text{-}6$ $C(6) = 0.0$
$C(3) = -6.49151204E\text{-}9$

Temperature range: $500 \leq T \leq 1050$

Coefficients:

$C(0) = 1.083105E\text{-}1$ $C(4) = 4.6468625E\text{-}14$
$C(1) = 2.21163789E\text{-}4$ $C(5) = 0.0$
$C(2) = 2.26380948E\text{-}7$ $C(6) = 0.0$
$C(3) = -1.74258636E\text{-}10$

TABLE AVII.14 *Thermodynamic Properties of Hydrogen*

T (K)	CP(T) [KJ/(KG K)]	H(T) (KJ/KG)	E(T) [KJ/(KG K)]	IPR(T)	G(T)	A(T) (M/S)
250	14.03	2803	42.59	10.33	1.416	1208
260	14.10	2944	43.14	10.46	1.413	1231
270	14.15	3085	43.67	10.59	1.411	1254
280	14.20	3227	44.19	10.71	1.409	1276
290	14.24	3369	44.69	10.83	1.408	1298
300	14.27	3512	45.17	10.95	1.406	1319
310	14.30	3655	45.64	11.07	1.405	1340
320	14.32	3798	46.09	11.18	1.404	1361
330	14.34	3941	46.53	11.28	1.404	1382
340	14.36	4085	46.96	11.39	1.403	1403
350	14.38	4228	47.38	11.49	1.402	1423
360	14.40	4372	47.78	11.59	1.401	1442
370	14.42	4516	48.18	11.68	1.401	1462
380	14.44	4661	48.56	11.78	1.400	1481
390	14.46	4805	48.94	11.87	1.399	1500
400	14.48	4950	49.31	11.95	1.398	1519
410	14.49	5095	49.66	12.04	1.398	1537
420	14.50	5240	50.01	12.13	1.398	1556
430	14.49	5385	50.35	12.21	1.398	1574
440	14.49	5530	50.69	12.29	1.398	1593
450	14.49	5675	51.01	12.37	1.398	1611
460	14.49	5820	51.33	12.45	1.398	1628
470	14.49	5964	51.64	12.52	1.398	1646
480	14.49	6109	51.95	12.60	1.398	1663
490	14.49	6254	52.25	12.67	1.398	1681
500	14.50	6399	52.54	12.74	1.398	1698
510	14.50	6544	52.83	12.81	1.398	1715
520	14.50	6689	53.11	12.88	1.397	1731
530	14.50	6834	53.38	12.94	1.397	1748
540	14.51	6979	53.66	13.01	1.397	1764
550	14.51	7125	53.92	13.07	1.397	1780
560	14.51	7270	54.18	13.14	1.397	1796
570	14.52	7415	54.44	13.20	1.397	1812
580	14.52	7560	54.69	13.26	1.397	1828
590	14.53	7705	54.94	13.32	1.396	1843
600	14.53	7851	55.19	13.38	1.396	1859
610	14.54	7996	55.43	13.44	1.396	1874
620	14.55	8141	55.66	13.50	1.396	1889
630	14.55	8287	55.89	13.55	1.396	1904
640	14.56	8432	56.12	13.61	1.395	1919

TABLE AVII.14 *(Continued)*   *Thermodynamic Properties of Hydrogen*

T (K)	CP(T) [KJ/(KG K)]	H(T) (KJ/KG)	E(T) [KJ/(KG K)]	IPR(T)	G(T)	A(T) (M/S)
650	14.56	8578	56.35	13.66	1.395	1934
660	14.57	8724	56.57	13.72	1.395	1948
670	14.58	8869	56.79	13.77	1.394	1963
680	14.59	9015	57.01	13.82	1.394	1977
690	14.60	9161	57.22	13.87	1.394	1992
700	14.60	9307	57.43	13.92	1.394	2006
710	14.61	9453	57.64	13.98	1.393	2020
720	14.62	9599	57.84	14.02	1.393	2034
730	14.63	9746	58.04	14.07	1.393	2048
740	14.64	9892	58.24	14.12	1.392	2061
750	14.65	10039	58.44	14.17	1.392	2075
760	14.66	10185	58.63	14.22	1.391	2088
770	14.67	10332	58.83	14.26	1.391	2102
780	14.68	10479	59.02	14.31	1.391	2115
790	14.69	10625	59.20	14.35	1.390	2128
800	14.70	10772	59.39	14.40	1.390	2141
810	14.72	10920	59.57	14.44	1.389	2154
820	14.73	11067	59.75	14.49	1.389	2167
830	14.74	11214	59.93	14.53	1.388	2180
840	14.75	11362	60.11	14.57	1.388	2193
850	14.77	11509	60.28	14.62	1.388	2206
860	14.78	11657	60.45	14.66	1.387	2218
870	14.79	11805	60.62	14.70	1.387	2231
880	14.81	11953	60.79	14.74	1.386	2243
890	14.82	12101	60.96	14.78	1.386	2255
900	14.83	12249	61.13	14.82	1.385	2267
910	14.85	12398	61.29	14.86	1.385	2280
920	14.86	12546	61.45	14.90	1.384	2292
930	14.88	12695	61.61	14.94	1.384	2304
940	14.89	12844	61.77	14.98	1.383	2316
950	14.91	12993	61.93	15.02	1.382	2327
960	14.92	13142	62.09	15.05	1.382	2339
970	14.94	13291	62.24	15.09	1.381	2351
980	14.96	13441	62.39	15.13	1.381	2362
990	14.97	13590	62.55	15.17	1.380	2374
1000	14.99	13740	62.70	15.20	1.380	2385
1010	15.00	13890	62.85	15.24	1.379	2397
1020	15.02	14040	62.99	15.27	1.378	2408
1030	15.04	14190	63.14	15.31	1.378	2419
1040	15.06	14341	63.29	15.34	1.377	2431
1050	15.07	14492	63.43	15.38	1.377	2442

TABLE AVII.15 *Transport Properties of Hydrogen*

T (K)	VS(T)E+6 [(N S)/M^2]	K(T)E+3 [W/(M K)]	T (K)	VS(T)E+6 [(N S)/M^2]	K(T)E+3 [W/(M K)]
250	7.897	156.3	650	15.31	308.2
260	8.113	161.6	660	15.48	311.6
270	8.327	166.8	670	15.64	315.1
280	8.537	171.8	680	15.80	318.5
290	8.745	176.6	690	15.96	322.0
300	8.949	181.3	700	16.12	325.4
310	9.151	185.9	710	16.29	328.9
320	9.351	190.4	720	16.45	332.4
330	9.548	194.7	730	16.61	335.8
340	9.744	198.9	740	16.76	339.3
350	9.938	202.9	750	16.92	342.7
360	10.13	206.9	760	17.08	346.2
370	10.32	210.7	770	17.24	349.6
380	10.51	214.4	780	17.40	353.1
390	10.70	218.1	790	17.55	356.5
400	10.90	221.6	800	17.71	359.9
410	11.09	225.1	810	17.86	363.4
420	11.28	228.6	820	18.02	366.8
430	11.47	232.0	830	18.17	370.2
440	11.66	235.4	840	18.33	373.7
450	11.85	238.8	850	18.48	377.1
460	12.03	242.2	860	18.63	380.5
470	12.22	245.7	870	18.78	383.9
480	12.39	249.2	880	18.94	387.4
490	12.56	252.8	890	19.09	390.8
500	12.72	256.6	900	19.24	394.2
510	12.94	260.0	910	19.39	397.6
520	13.12	263.4	920	19.54	401.0
530	13.29	266.8	930	19.69	404.4
540	13.46	270.3	940	19.84	407.8
550	13.63	273.7	950	19.99	411.2
560	13.80	277.1	960	20.13	414.6
570	13.97	280.6	970	20.28	417.9
580	14.14	284.0	980	20.43	421.3
590	14.31	287.4	990	20.58	424.7
600	14.48	290.9	1000	20.72	428.1
610	14.65	294.3	1010	20.87	431.4
620	14.82	297.8	1020	21.01	434.8
630	14.98	301.2	1030	21.16	438.2
640	15.15	304.7	1040	21.30	441.5
			1050	21.45	444.9

Methane

At/mol wt. (KG/MOLE): 16.043

Gas constant [KJ/(KG K)]: .518251

At/mol formula: CH_4

Critical temperature (K): 190.5

Critical pressure (MPA): 4.6

Sat. temp. at one atmos. (K): 111.5

Thermodynamic Properties

$$CP(T) = \sum[A(N)T^N]$$
$$H(T) = \sum\{[1/(N+1)]A(N)T^{N+1}\}$$
$$E(T) = A(0)\,LOG(T) + \sum[(1/N)A(N)T^N]$$

Temperature range: $280 \leq T < 755$

Coefficients:

$A(0) = 1.9165258$ $A(4) = 0.0$
$A(1) = -1.09269E\text{-}3$ $A(5) = 0.0$
$A(2) = 8.696605E\text{-}6$ $A(6) = 0.0$
$A(3) = -5.2291144E\text{-}9$

Temperature range: $755 \leq T \leq 1080$

Coefficients:

$A(0) = 1.04356E{+}1$ $A(4) = 3.9030203E\text{-}11$
$A(1) = -4.2025284E\text{-}2$ $A(5) = -7.1345169E\text{-}15$
$A(2) = 8.849006E\text{-}5$ $A(6) = 0.0$
$A(3) = -8.4304566E\text{-}8$

Transport Properties

$$VS(T) = \sum[B(N)T^N]$$

Temperature range: $200 \leq T \leq 1000$

Coefficients:

$B(0) = 2.968267E\text{-}1$ $B(4) = 7.543269E\text{-}11$
$B(1) = 3.711201E\text{-}2$ $B(5) = -2.7237166E\text{-}14$
$B(2) = 1.218298E\text{-}5$ $B(6) = 0.0$
$B(3) = -7.02426E\text{-}8$

APPENDIX VII

Transport Properties of Methane (Continued)

$$K(T) = \sum [C(N)T^N]$$

Temperature range: $200 \leq T \leq 1000$

Coefficients:

$C(0) = -1.3401499\text{E-}2$ $C(4) = -9.1405505\text{E-}12$
$C(1) = 3.6630706\text{E-}4$ $C(5) = 6.7896889\text{E-}15$
$C(2) = -1.82248608\text{E-}6$ $C(6) = -1.95048736\text{E-}18$
$C(3) = 5.93987998\text{E-}9$

TABLE AVII.16 Thermodynamic Properties of Methane

T (K)	CP(T) [KJ/(KG K)]	H(T) (KJ/KG)	E(T) [KJ/(KG K)]	IPR(T)	G(T)	A(T) (M/S)
280	2.178	549.4	10.80	20.83	1.312	436.4
290	2.203	571.3	10.87	20.98	1.308	443.3
300	2.230	593.5	10.95	21.12	1.303	450.0
310	2.258	615.9	11.02	21.27	1.298	456.6
320	2.286	638.6	11.09	21.41	1.293	463.1
330	2.315	661.6	11.16	21.54	1.288	469.4
340	2.345	684.9	11.23	21.68	1.284	475.6
350	2.375	708.5	11.30	21.81	1.279	481.7
360	2.406	732.4	11.37	21.94	1.274	487.6
370	2.438	756.7	11.44	22.07	1.270	493.5
380	2.470	781.2	11.50	22.19	1.266	499.2
390	2.503	806.1	11.57	22.32	1.261	504.9
400	2.536	831.3	11.63	22.44	1.257	510.4
410	2.570	856.8	11.69	22.56	1.253	515.9
420	2.604	882.7	11.76	22.68	1.248	521.3
430	2.639	908.9	11.82	22.80	1.244	526.6
440	2.674	935.4	11.88	22.92	1.240	531.8
450	2.709	962.4	11.94	23.04	1.237	537.0
460	2.745	989.6	12.00	23.15	1.233	542.1
470	2.781	1017	12.06	23.27	1.229	547.1
480	2.817	1045	12.12	23.38	1.225	552.1
490	2.854	1074	12.18	23.49	1.222	557.0
500	2.891	1102	12.23	23.60	1.218	561.9
510	2.928	1131	12.29	23.72	1.215	566.7
520	2.965	1161	12.35	23.83	1.212	571.5
530	3.002	1191	12.40	23.94	1.209	576.2
540	3.039	1221	12.46	24.05	1.206	580.9
550	3.076	1251	12.52	24.15	1.203	585.5
560	3.114	1282	12.57	24.26	1.200	590.1
570	3.151	1314	12.63	24.37	1.197	594.6
580	3.188	1345	12.68	24.47	1.194	599.1
590	3.225	1378	12.74	24.58	1.191	603.6
600	3.262	1410	12.79	24.69	1.189	608.0
610	3.299	1443	12.85	24.79	1.186	612.4
620	3.336	1476	12.90	24.89	1.184	616.8
630	3.372	1509	12.95	25.00	1.182	621.1
640	3.409	1543	13.01	25.10	1.179	625.4
650	3.445	1578	13.06	25.20	1.177	629.7
660	3.480	1612	13.11	25.31	1.175	633.9
670	3.516	1647	13.17	25.41	1.173	638.2

Continued

TABLE AVII.16 *(Continued)* Thermodynamic Properties of Methane

T (K)	CP(T) [KJ/(KG K)]	H(T) (KJ/KG)	E(T) [KJ/(KG K)]	IPR(T)	G(T)	A(T) (M/S)
680	3.551	1683	13.22	25.51	1.171	642.4
690	3.585	1718	13.27	25.61	1.169	646.5
700	3.619	1754	13.32	25.71	1.167	650.7
710	3.653	1791	13.37	25.81	1.165	654.8
720	3.686	1827	13.43	25.91	1.164	658.9
730	3.719	1864	13.48	26.01	1.162	663.0
740	3.751	1902	13.53	26.10	1.160	667.1
750	3.783	1939	13.58	26.20	1.159	671.1
760	3.813	1977	13.63	26.30	1.157	675.1
770	3.843	2016	13.68	26.39	1.156	679.2
780	3.874	2054	13.73	26.49	1.154	683.1
790	3.904	2093	13.78	26.59	1.153	687.1
800	3.934	2132	13.83	26.68	1.152	691.0
810	3.964	2172	13.88	26.78	1.150	694.9
820	3.994	2212	13.93	26.87	1.149	698.8
830	4.024	2252	13.97	26.96	1.148	702.7
840	4.054	2292	14.02	27.06	1.147	706.5
850	4.083	2333	14.07	27.15	1.145	710.3
860	4.112	2374	14.12	27.24	1.144	714.1
870	4.141	2415	14.17	27.33	1.143	717.9
880	4.170	2457	14.21	27.43	1.142	721.7
890	4.198	2498	14.26	27.52	1.141	725.4
900	4.227	2541	14.31	27.61	1.140	729.1
910	4.255	2583	14.35	27.70	1.139	732.8
920	4.282	2626	14.40	27.79	1.138	736.5
930	4.309	2669	14.45	27.88	1.137	740.2
940	4.336	2712	14.49	27.97	1.136	743.8
950	4.363	2755	14.54	28.06	1.135	747.5
960	4.389	2799	14.59	28.14	1.134	751.1
970	4.415	2843	14.63	28.23	1.133	754.7
980	4.441	2887	14.68	28.32	1.132	758.3
990	4.466	2932	14.72	28.41	1.131	761.8
1000	4.491	2977	14.77	28.49	1.130	765.4
1010	4.516	3022	14.81	28.58	1.130	769.0
1020	4.541	3067	14.86	28.67	1.129	772.5
1030	4.565	3113	14.90	28.75	1.128	776.0
1040	4.589	3158	14.95	28.84	1.127	779.5
1050	4.612	3204	14.99	28.92	1.127	783.0
1060	4.635	3251	15.03	29.01	1.126	786.4
1070	4.658	3297	15.08	29.09	1.125	789.9
1080	4.681	3344	15.12	29.18	1.125	793.3

TABLE AVII.17 *Transport Properties of Methane*

T (K)	VS(T)E+6 [(N S)/M²]	K(T)E+3 [W/(M K)]	T (K)	VS(T)E+6 [(N S)/M²]	K(T)E+3 [W/(M K)]
200	7.757	21.90	600	19.44	85.65
210	8.113	22.99	610	19.67	87.52
220	8.466	24.09	620	19.90	89.38
230	8.816	25.21	630	20.13	91.25
240	9.163	26.36	640	20.36	93.12
250	9.507	27.53	650	20.58	94.99
260	9.847	28.73	660	20.81	96.86
270	10.18	29.97	670	21.03	98.74
280	10.52	31.24	680	21.25	100.6
290	10.85	32.54	690	21.47	102.5
300	11.18	33.88	700	21.69	104.4
310	11.50	35.26	710	21.90	106.3
320	11.82	36.67	720	22.12	108.2
330	12.13	38.13	730	22.33	110.1
340	12.45	39.61	740	22.54	112.1
350	12.76	41.13	750	22.75	114.0
360	13.06	42.69	760	22.96	116.0
370	13.36	44.28	770	23.17	118.0
380	13.66	45.89	780	23.38	120.0
390	13.96	47.54	790	23.59	122.0
400	14.25	49.21	800	23.79	124.0
410	14.54	50.91	810	24.00	126.1
420	14.82	52.64	820	24.20	128.2
430	15.10	54.38	830	24.40	130.3
440	15.38	56.15	840	24.60	132.4
450	15.65	57.93	850	24.80	134.6
460	15.93	59.72	860	24.99	136.8
470	16.19	61.54	870	25.19	139.0
480	16.46	63.36	880	25.38	141.3
490	16.72	65.19	890	25.58	143.5
500	16.98	67.03	900	25.77	145.8
510	17.24	68.88	910	25.96	148.1
520	17.49	70.74	920	26.14	150.4
530	17.74	72.59	930	26.33	152.7
540	17.99	74.46	940	26.51	155.1
550	18.24	76.32	950	26.69	157.4
560	18.48	78.18	960	26.87	159.7
570	18.72	80.05	970	27.04	162.1
580	18.96	81.92	980	27.21	164.4
590	19.20	83.78	990	27.38	166.7
			1000	27.54	169.0

Nitrogen

At/mol wt. (KG/MOLE): 28.013

Gas constant [KJ/(KG K)]: .296798

At/mol formula: N_2

Critical temperature (K): 126.2

Critical pressure (MPA): 3.4

Sat. temp. at one atmos. (K): 77.3

Thermodynamic Properties

$$CP(T) = \sum[A(N)T^N]$$
$$H(T) = \sum\{[1/(N + 1)]A(N)T^{N+1}\}$$
$$E(T) = A(0) \text{LOG}(T) + \sum[(1/N)A(N)T^N]$$

Temperature range: $280 \leq T < 590$

Coefficients:

A(0) = 1.088047   A(4) = 0.0
A(1) = −3.55968E-4   A(5) = 0.0
A(2) = 7.2907605E-7 A(6) = 0.0
A(3) = −2.8861556E-10

Temperature range: $590 \leq T \leq 1080$

Coefficients:

A(0) = 1.4055077   A(4) = 2.08491259E-12
A(1) = −2.1894566E-3 A(5) = −3.7903033E-16
A(2) = 4.7852898E-6 A(6) = 0.0
A(3) = −4.540166E-9

Transport Properties

$$VS(T) = \sum[B(N)T^N]$$

Temperature range: $250 \leq T \leq 1050$

Coefficients:

B(0) = 2.5465E-2   B(4) = −1.5622457E-11
B(1) = 7.5336535E-2   B(5) = 2.249666E-15
B(2) = −6.51566245E-5 B(6) = 0.0
B(3) = 4.34945E-8

EQUATIONS AND TABLES FOR IDEAL GASES

$$K(T) = \sum [C(N)T^N]$$

Temperature range: $250 \leq T \leq 1050$

Coefficients:

$C(0) = -1.5231785\text{E}-3$ $\quad C(4) = -6.36537349\text{E}-14$
$C(1) = 1.18879965\text{E}-4$ $\quad C(5) = 1.47167023\text{E}-17$
$C(2) = -1.2092845\text{E}-7$ $\quad C(6) = 0.0$
$C(3) = 1.15567802\text{E}-10$

TABLE AVII.18 *Thermodynamic Properties of Nitrogen*

T (K)	CP(T) [KJ/(KG K)]	H(T) (KJ/KG)	E(T) [KJ/(KG K)]	IPR(T)	G(T)	A(T) (M/S)
280	1.039	295.6	6.058	20.41	1.400	341.1
290	1.039	306.0	6.094	20.53	1.400	347.1
300	1.039	316.4	6.129	20.65	1.400	353.0
310	1.039	326.8	6.163	20.77	1.400	358.9
320	1.039	337.2	6.196	20.88	1.400	364.6
330	1.040	347.6	6.228	20.99	1.400	370.2
340	1.040	357.9	6.259	21.09	1.399	375.8
350	1.040	368.4	6.290	21.19	1.399	381.2
360	1.041	378.8	6.319	21.29	1.399	386.6
370	1.042	389.2	6.347	21.39	1.399	391.9
380	1.042	399.6	6.375	21.48	1.398	397.1
390	1.043	410.0	6.402	21.57	1.398	402.2
400	1.044	420.4	6.429	21.66	1.397	407.3
410	1.045	430.9	6.455	21.75	1.397	412.3
420	1.046	441.3	6.480	21.83	1.396	417.2
430	1.047	451.8	6.504	21.92	1.396	422.0
440	1.048	462.3	6.528	22.00	1.395	426.8
450	1.049	472.8	6.552	22.08	1.394	431.6
460	1.050	483.3	6.575	22.15	1.394	436.2
470	1.052	493.8	6.598	22.23	1.393	440.8
480	1.053	504.3	6.620	22.30	1.392	445.4
490	1.055	514.8	6.642	22.38	1.392	449.9
500	1.056	525.4	6.663	22.45	1.391	454.3
510	1.058	536.0	6.684	22.52	1.390	458.7
520	1.060	546.6	6.704	22.59	1.389	463.0
530	1.061	557.2	6.725	22.66	1.388	467.3
540	1.063	567.8	6.744	22.72	1.387	471.5
550	1.065	578.4	6.764	22.79	1.386	475.7
560	1.067	589.1	6.783	22.85	1.386	479.9
570	1.069	599.7	6.802	22.92	1.385	484.0
580	1.071	610.4	6.821	22.98	1.384	488.0
590	1.073	621.2	6.839	23.04	1.383	492.0
600	1.075	631.9	6.857	23.10	1.382	496.0
610	1.077	642.7	6.875	23.16	1.381	499.9
620	1.079	653.4	6.892	23.22	1.380	503.8
630	1.081	664.2	6.910	23.28	1.378	507.7
640	1.083	675.1	6.927	23.34	1.377	511.5
650	1.085	685.9	6.943	23.39	1.376	515.3
660	1.088	696.8	6.960	23.45	1.375	519.0
670	1.090	707.6	6.976	23.51	1.374	522.7

TABLE AVII.18 *(Continued)* Thermodynamic Properties of Nitrogen

T (K)	CP(T) [KJ/(KG K)]	H(T) (KJ/KG)	E(T) [KJ/(KG K)]	IPR(T)	G(T)	A(T) (M/S)
680	1.092	718.6	6.993	23.56	1.373	526.4
690	1.095	729.5	7.009	23.61	1.372	530.0
700	1.097	740.5	7.024	23.67	1.371	533.7
710	1.100	751.4	7.040	23.72	1.370	537.2
720	1.102	762.5	7.055	23.77	1.369	540.8
730	1.105	773.5	7.071	23.82	1.367	544.3
740	1.107	784.5	7.086	23.87	1.366	547.8
750	1.109	795.6	7.100	23.92	1.365	551.3
760	1.112	806.7	7.115	23.97	1.364	554.7
770	1.114	817.9	7.130	24.02	1.363	558.1
780	1.117	829.0	7.144	24.07	1.362	561.5
790	1.119	840.2	7.158	24.12	1.361	564.9
800	1.122	851.4	7.172	24.17	1.360	568.2
810	1.124	862.6	7.186	24.21	1.359	571.5
820	1.127	873.9	7.200	24.26	1.358	574.8
830	1.129	885.2	7.214	24.31	1.357	578.1
840	1.131	896.5	7.227	24.35	1.356	581.4
850	1.134	907.8	7.241	24.40	1.355	584.6
860	1.136	919.1	7.254	24.44	1.354	587.8
870	1.138	930.5	7.267	24.49	1.353	591.0
880	1.141	941.9	7.280	24.53	1.352	594.2
890	1.143	953.3	7.293	24.57	1.351	597.3
900	1.145	964.8	7.306	24.62	1.350	600.5
910	1.148	976.2	7.319	24.66	1.349	603.6
920	1.150	987.7	7.331	24.70	1.348	606.7
930	1.152	999.2	7.344	24.74	1.347	609.8
940	1.154	1011	7.356	24.78	1.346	612.8
950	1.157	1022	7.368	24.83	1.345	615.9
960	1.159	1034	7.380	24.87	1.344	618.9
970	1.161	1046	7.392	24.91	1.344	621.9
980	1.163	1057	7.404	24.95	1.343	624.9
990	1.165	1069	7.416	24.99	1.342	627.9
1000	1.167	1080	7.428	25.03	1.341	630.9
1010	1.169	1092	7.439	25.07	1.340	633.8
1020	1.171	1104	7.451	25.10	1.339	636.8
1030	1.173	1116	7.462	25.14	1.339	639.7
1040	1.175	1127	7.474	25.18	1.338	642.6
1050	1.177	1139	7.485	25.22	1.337	645.5
1060	1.179	1151	7.496	25.26	1.336	648.4
1070	1.181	1163	7.507	25.29	1.336	651.3
1080	1.183	1174	7.518	25.33	1.335	654.2

TABLE AVII.19 *Transport Properties of Nitrogen*

T (K)	VS(T)E+6 [(N S)/M²]	K(T)E+3 [W/(M K)]	T (K)	VS(T)E+6 [(N S)/M²]	K(T)E+3 [W/(M K)]
250	15.41	22.21	650	30.88	46.74
260	15.90	22.97	660	31.19	47.25
270	16.39	23.72	670	31.49	47.76
280	16.87	24.45	680	31.79	48.27
290	17.35	25.18	690	32.09	48.77
300	17.82	25.90	700	32.38	49.27
310	18.28	26.61	710	32.67	49.76
320	18.73	27.30	720	32.96	50.26
330	19.18	27.99	730	33.25	50.75
340	19.62	28.68	740	33.53	51.24
350	20.05	29.35	750	33.82	51.72
360	20.48	30.01	760	34.10	52.20
370	20.91	30.67	770	34.38	52.68
380	21.32	31.32	780	34.65	53.16
390	21.74	31.96	790	34.93	53.64
400	22.14	32.60	800	35.20	54.11
410	22.54	33.23	810	35.47	54.58
420	22.94	33.85	820	35.74	55.04
430	23.33	34.46	830	36.01	55.51
440	23.72	35.07	840	36.28	55.97
450	24.10	35.68	850	36.54	56.43
460	24.47	36.28	860	36.80	56.89
470	24.85	36.87	870	37.06	57.34
480	25.21	37.45	880	37.32	57.79
490	25.58	38.04	890	37.58	58.24
500	25.94	38.61	900	37.84	58.69
510	26.29	39.18	910	38.09	59.14
520	26.64	39.75	920	38.35	59.58
530	26.99	40.31	930	38.60	60.02
540	27.33	40.87	940	38.85	60.46
550	27.67	41.42	950	39.10	60.90
560	28.01	41.97	960	39.35	61.34
570	28.34	42.52	970	39.59	61.77
580	28.67	43.06	980	39.84	62.20
590	28.99	43.59	990	40.08	62.63
600	29.32	44.13	1000	40.33	63.06
610	29.64	44.66	1010	40.57	63.49
620	29.95	45.18	1020	40.81	63.91
630	30.26	45.71	1030	41.05	64.33
640	30.58	46.22	1040	41.29	64.75
			1050	41.53	65.17

Oxygen

At/mol wt. (KG/MOLE): 31.999

Gas constant (KJ/[KG K]): .259832

At/mol formula: O_2

Critical temperature (K): 154.6

Critical pressure (MPA): 5.04

Sat. temp. at one atmos. (K): 90

Thermodynamic Properties

$$CP(T) = \sum [A(N)T^N]$$
$$H(T) = \sum \{[1/(N+1)]A(N)T^{N+1}\}$$
$$E(T) = A(0) \, LOG(T) + \sum [(1/N)A(N)T^N]$$

Temperature range: $250 \leq T < 590$

Coefficients:

$A(0) = 9.29247E-1$
$A(1) = -3.220603E-4$
$A(2) = 1.166523E-6$
$A(3) = -7.1157865E-10$

$A(4) = 0.0$
$A(5) = 0.0$
$A(6) = 0.0$

Temperature range: $590 \leq T \leq 1050$

Coefficients:

$A(0) = 5.977293E-1$
$A(1) = 1.183704E-3$
$A(2) = -1.156226E-6$
$A(3) = 5.82171E-10$

$A(4) = -1.1772692E-13$
$A(5) = 0.0$
$A(6) = 0.0$

Transport Properties

$$VS(T) = \sum [B(N)T^N]$$

Temperature range: $250 \leq T \leq 1050$

Coefficients:

$B(0) = -3.97863E-1$
$B(1) = 8.7605894E-2$
$B(2) = -7.064124E-5$
$B(3) = 4.6287E-8$

$B(4) = -1.690435E-11$
$B(5) = 2.534147E-15$
$B(6) = 0.0$

APPENDIX VII

Transport Properties of Oxygen (Continued)

$$K(T) = \sum [C(N)T^N]$$

Temperature range: $250 \leq T < 1000$

Coefficients:

$C(0) = -7.6727798\text{E-}4$ $C(4) = 0.0$
$C(1) = 1.03560076\text{E-}4$ $C(5) = 0.0$
$C(2) = -4.62034365\text{E-}8$ $C(6) = 0.0$
$C(3) = 1.51980292\text{E-}11$

Temperature range: $1000 \leq T \leq 1050$

Coefficients:

$C(0) = -1.8654526\text{E-}1$ $C(4) = -7.84907953\text{E-}14$
$C(1) = 7.05649428\text{E-}4$ $C(5) = 0.0$
$C(2) = -7.71025034\text{E-}7$ $C(6) = 0.0$
$C(3) = 4.02143777\text{E-}10$

TABLE AVII.20 *Thermodynamic Properties of Oxygen*

T (K)	CP(T) [KJ/(KG K)]	H(T) (KJ/KG)	E(T) [KJ/(KG K)]	IPR(T)	G(T)	A(T) (M/S)
250	0.911	227.6	5.083	19.56	1.399	301.5
260	0.912	236.7	5.119	19.70	1.398	307.4
270	0.912	245.9	5.153	19.83	1.398	313.1
280	0.915	255.0	5.186	19.96	1.397	318.8
290	0.917	264.2	5.219	20.08	1.396	324.3
300	0.918	273.3	5.250	20.20	1.395	329.7
310	0.919	282.5	5.280	20.32	1.393	335.0
320	0.922	291.7	5.309	20.43	1.392	340.2
330	0.924	301.0	5.338	20.54	1.391	345.4
340	0.926	310.2	5.365	20.65	1.390	350.4
350	0.929	319.5	5.392	20.75	1.388	355.3
360	0.931	328.8	5.418	20.85	1.387	360.2
370	0.934	338.1	5.444	20.95	1.386	365.0
380	0.936	347.5	5.469	21.05	1.384	369.7
390	0.939	356.9	5.493	21.14	1.383	374.3
400	0.942	366.3	5.517	21.23	1.381	378.9
410	0.943	375.7	5.540	21.32	1.380	383.4
420	0.946	385.2	5.563	21.41	1.378	387.8
430	0.949	394.6	5.585	21.50	1.377	392.2
440	0.953	404.1	5.607	21.58	1.375	396.5
450	0.956	413.7	5.629	21.66	1.373	400.7
460	0.959	423.3	5.650	21.74	1.372	404.9
470	0.962	432.9	5.670	21.82	1.370	409.1
480	0.965	442.5	5.691	21.90	1.369	413.1
490	0.968	452.2	5.710	21.98	1.367	417.2
500	0.970	461.9	5.730	22.05	1.365	421.2
510	0.973	471.6	5.749	22.13	1.364	425.1
520	0.976	481.3	5.768	22.20	1.362	429.0
530	0.980	491.1	5.787	22.27	1.361	432.9
540	0.983	500.9	5.805	22.34	1.359	436.7
550	0.986	510.8	5.823	22.41	1.358	440.5
560	0.990	520.7	5.841	22.48	1.356	444.2
570	0.993	530.6	5.859	22.55	1.354	447.9
580	0.996	540.5	5.876	22.61	1.353	451.5
590	0.999	550.5	5.893	22.68	1.351	455.2
600	1.002	560.5	5.910	22.74	1.350	458.8
610	1.005	570.5	5.926	22.81	1.349	462.3
620	1.009	580.6	5.943	22.87	1.347	465.8
630	1.012	590.7	5.959	22.93	1.346	469.3
640	1.015	600.8	5.975	23.00	1.344	472.8

Continued

TABLE AVII.20 *(Continued)*   Thermodynamic Properties of Oxygen

T (K)	CP(T) [KJ/(KG K)]	H(T) (KJ/KG)	E(T) [KJ/(KG K)]	IPR(T)	G(T)	A(T) (M/S)
650	1.017	611.0	5.991	23.06	1.343	476.2
660	1.020	621.2	6.006	23.12	1.342	479.7
670	1.023	631.4	6.022	23.17	1.340	483.1
680	1.026	641.7	6.037	23.23	1.339	486.4
690	1.029	651.9	6.052	23.29	1.338	489.8
700	1.031	662.2	6.067	23.35	1.337	493.1
710	1.034	672.6	6.081	23.40	1.336	496.4
720	1.036	682.9	6.096	23.46	1.335	499.7
730	1.039	693.3	6.110	23.52	1.334	502.9
740	1.041	703.7	6.124	23.57	1.333	506.2
750	1.043	714.1	6.138	23.62	1.332	509.4
760	1.046	724.6	6.152	23.68	1.331	512.6
770	1.048	735.0	6.166	23.73	1.330	515.8
780	1.050	745.5	6.179	23.78	1.329	518.9
790	1.052	756.0	6.193	23.83	1.328	522.1
800	1.055	766.6	6.206	23.88	1.327	525.2
810	1.057	777.1	6.219	23.93	1.326	528.3
820	1.059	787.7	6.232	23.98	1.325	531.4
830	1.061	798.3	6.245	24.03	1.324	534.4
840	1.063	808.9	6.258	24.08	1.324	537.5
850	1.065	819.5	6.270	24.13	1.323	540.5
860	1.066	830.2	6.283	24.18	1.322	543.5
870	1.068	840.9	6.295	24.23	1.321	546.5
880	1.070	851.6	6.307	24.27	1.321	549.5
890	1.072	862.3	6.319	24.32	1.320	552.5
900	1.074	873.0	6.331	24.37	1.319	555.4
910	1.075	883.7	6.343	24.41	1.319	558.4
920	1.077	894.5	6.355	24.46	1.318	561.3
930	1.079	905.3	6.366	24.50	1.317	564.2
940	1.080	916.1	6.378	24.55	1.317	567.1
950	1.082	926.9	6.389	24.59	1.316	570.0
960	1.084	937.7	6.401	24.63	1.315	572.8
970	1.085	948.6	6.412	24.68	1.315	575.7
980	1.087	959.4	6.423	24.72	1.314	578.5
990	1.088	970.3	6.434	24.76	1.314	581.3
1000	1.090	981.2	6.445	24.81	1.313	584.1
1010	1.091	992.1	6.456	24.85	1.313	586.9
1020	1.093	1003	6.467	24.89	1.312	589.7
1030	1.094	1014	6.477	24.93	1.312	592.4
1040	1.095	1025	6.488	24.97	1.311	595.2
1050	1.097	1036	6.499	25.01	1.310	597.9

TABLE AVII.21 *Transport Properties of Oxygen*

T (K)	VS(T)E + 6 [(N S)/M²]	K(T)E + 3 [W/(M K)]	T (K)	VS(T)E + 6 [(N S)/M²]	K(T)E + 3 [W/(M K)]
250	17.75	22.47	650	36.69	51.20
260	18.34	23.30	660	37.07	51.83
270	18.93	24.12	670	37.44	52.45
280	19.51	24.94	680	37.82	53.07
290	20.08	25.75	690	38.19	53.68
300	20.65	26.55	700	38.56	54.30
310	21.20	27.35	710	38.92	54.91
320	21.75	28.14	720	39.28	55.52
330	22.29	28.92	730	39.64	56.12
340	22.83	29.70	740	40.00	56.72
350	23.35	30.47	750	40.35	57.33
360	23.88	31.24	760	40.70	57.92
370	24.39	31.99	770	41.05	58.52
380	24.90	32.75	780	41.40	59.11
390	25.40	33.50	790	41.74	59.70
400	25.90	34.24	800	42.08	60.29
410	26.39	34.97	810	42.42	60.88
420	26.87	35.70	820	42.76	61.46
430	27.35	36.43	830	43.09	62.05
440	27.82	37.15	840	43.42	62.63
450	28.29	37.86	850	43.76	63.21
460	28.75	38.57	860	44.08	63.79
470	29.21	39.28	870	44.41	64.37
480	29.66	39.98	880	44.73	64.94
490	30.11	40.67	890	45.06	65.52
500	30.55	41.36	900	45.38	66.09
510	30.99	42.05	910	45.70	66.66
520	31.42	42.73	920	46.01	67.24
530	31.85	43.40	930	46.33	67.81
540	32.28	44.08	940	46.64	68.38
550	32.70	44.74	950	46.95	68.95
560	33.11	45.41	960	47.26	69.52
570	33.53	46.07	970	47.57	70.08
580	33.93	46.72	980	47.88	70.65
590	34.34	47.37	990	48.18	71.22
600	34.74	48.02	1000	48.48	71.79
610	35.14	48.66	1010	48.79	72.29
620	35.53	49.30	1020	49.09	72.84
630	35.92	49.94	1030	49.38	73.38
640	36.31	50.57	1040	49.68	73.92
			1050	49.98	74.46

Propane

At/mol wt. (KG/MOLE): 44.097

Gas constant [KJ/(KG K)]: 0.188545

At/mol formula: C_3H_8

Critical temperature (K): 369.8

Critical pressure (MPA): 4.26

Sat. temp. at one atmos. (K): 231.1

Thermodynamic Properties

$$CP(T) = \sum[A(N)T^N]$$
$$H(T) = \sum\{[1/(N+1)]A(N)T^{N+1}\}$$
$$E(T) = A(0)\,LOG(T) + \sum[(1/N)A(N)T^N]$$

Temperature range: $280 \leq T < 755$

Coefficients:

A(0) = 8.41607E-2
A(1) = 5.7701407E-3
A(2) = −1.292127E-6
A(3) = −6.9945925E-10
A(4) = 0.0
A(5) = 0.0
A(6) = 0.0

Temperature range: $755 \leq T \leq 1080$

Coefficients:

A(0) = 3.47456
A(1) = −9.4956207E-3
A(2) = 2.643558E-5
A(3) = −2.6640384E-8
A(4) = 1.2466175E-11
A(5) = −2.271073E-15
A(6) = 0.0

Transport Properties

$$VS(T) = \sum[B(N)T^N]$$

Temperature range: $270 \leq T \leq 600$

Coefficients:

B(0) = −3.543711E-1
B(1) = 3.080096E-2
B(2) = −6.99723E-6
B(3) = 0.0
B(4) = 0.0
B(5) = 0.0
B(6) = 0.0

$$K(T) = \sum [C(N)T^N]$$

Temperature range: $270 \leq T \leq 500$

Coefficients:

$C(0) = -1.07682209\text{E-}2$ $C(4) = 0.0$
$C(1) = 8.38590352\text{E-}5$ $C(5) = 0.0$
$C(2) = 4.22059864\text{E-}8$ $C(6) = 0.0$
$C(3) = 0.0$

TABLE AVII.22 *Thermodynamic Properties of Propane*

T (K)	CP(T) [KJ/(KG K)]	H(T) (KJ/KG)	E(T) [KJ/(KG K)]	IPR(T)	G(T)	A(T) (M/S)
280	1.583	239.2	2.034	9.802	1.151	258.6
290	1.632	255.3	2.091	10.07	1.146	262.6
300	1.680	271.9	2.147	10.34	1.141	266.5
310	1.728	288.9	2.203	10.61	1.136	270.4
320	1.775	306.4	2.258	10.88	1.132	274.2
330	1.822	324.4	2.313	11.15	1.128	278.0
340	1.869	342.9	2.369	11.41	1.125	281.7
350	1.915	361.8	2.423	11.68	1.122	285.4
360	1.961	381.2	2.478	11.94	1.118	289.0
370	2.007	401.0	2.532	12.20	1.115	292.6
380	2.052	421.3	2.586	12.46	1.113	296.2
390	2.096	442.0	2.640	12.72	1.110	299.7
400	2.141	463.2	2.694	12.98	1.107	303.2
410	2.185	484.9	2.747	13.24	1.105	306.6
420	2.228	506.9	2.801	13.50	1.103	310.0
430	2.271	529.4	2.853	13.75	1.101	313.4
440	2.313	552.3	2.906	14.00	1.099	316.7
450	2.355	575.7	2.959	14.26	1.097	320.0
460	2.397	599.4	3.011	14.51	1.095	323.3
470	2.438	623.6	3.063	14.76	1.093	326.5
480	2.479	648.2	3.115	15.01	1.091	329.7
490	2.519	673.2	3.166	15.26	1.090	332.9
500	2.559	698.6	3.217	15.50	1.088	336.0
510	2.598	724.4	3.268	15.75	1.087	339.1
520	2.637	750.5	3.319	16.00	1.085	342.2
530	2.675	777.1	3.370	16.24	1.084	345.3
540	2.713	804.0	3.420	16.48	1.083	348.3
550	2.750	831.4	3.470	16.72	1.082	351.4
560	2.787	859.1	3.520	16.96	1.080	354.3
570	2.824	887.1	3.570	17.20	1.079	357.3
580	2.860	915.5	3.619	17.44	1.078	360.2
590	2.895	944.3	3.669	17.68	1.077	363.2
600	2.930	973.4	3.718	17.91	1.076	366.1
610	2.964	1003	3.766	18.15	1.075	368.9
620	2.998	1033	3.815	18.38	1.074	371.8
630	3.032	1063	3.863	18.61	1.073	374.6
640	3.064	1093	3.911	18.85	1.073	377.4
650	3.097	1124	3.959	19.08	1.072	380.2
660	3.129	1155	4.006	19.31	1.071	383.0
670	3.160	1187	4.054	19.53	1.070	385.8

TABLE AVII.22 *(Continued)* Thermodynamic Properties of Propane

T (K)	CP(T) [KJ/(KG K)]	H(T) (KJ/KG)	E(T) [KJ/(KG K)]	IPR(T)	G(T)	A(T) (M/S)
680	3.190	1218	4.101	19.76	1.070	388.5
690	3.221	1251	4.147	19.99	1.069	391.2
700	3.250	1283	4.194	20.21	1.068	393.9
710	3.279	1316	4.240	20.43	1.068	396.6
720	3.308	1348	4.286	20.65	1.067	399.3
730	3.336	1382	4.332	20.88	1.066	401.9
740	3.363	1415	4.378	21.10	1.066	404.6
750	3.390	1449	4.423	21.31	1.065	407.2
760	3.416	1483	4.468	21.53	1.065	409.8
770	3.442	1517	4.513	21.75	1.064	412.4
780	3.468	1552	4.557	21.96	1.064	414.9
790	3.493	1587	4.602	22.18	1.063	417.5
800	3.519	1622	4.646	22.39	1.063	420.0
810	3.544	1657	4.690	22.60	1.062	422.5
820	3.569	1693	4.733	22.81	1.062	425.1
830	3.594	1728	4.777	23.02	1.061	427.5
840	3.618	1764	4.820	23.23	1.061	430.0
850	3.642	1801	4.863	23.43	1.060	432.5
860	3.666	1837	4.906	23.64	1.060	434.9
870	3.690	1874	4.948	23.84	1.060	437.4
880	3.713	1911	4.991	24.05	1.059	439.8
890	3.736	1948	5.033	24.25	1.059	442.2
900	3.758	1986	5.074	24.45	1.058	444.6
910	3.781	2023	5.116	24.65	1.058	447.0
920	3.803	2061	5.158	24.85	1.058	449.4
930	3.825	2100	5.199	25.05	1.057	451.7
940	3.846	2138	5.240	25.25	1.057	454.1
950	3.867	2176	5.281	25.45	1.057	456.4
960	3.888	2215	5.321	25.64	1.056	458.7
970	3.909	2254	5.362	25.84	1.056	461.1
980	3.929	2293	5.402	26.03	1.056	463.4
990	3.949	2333	5.442	26.22	1.055	465.7
1000	3.969	2372	5.482	26.42	1.055	467.9
1010	3.989	2412	5.521	26.61	1.055	470.2
1020	4.008	2452	5.561	26.80	1.055	472.5
1030	4.027	2492	5.600	26.98	1.054	474.7
1040	4.046	2533	5.639	27.17	1.054	477.0
1050	4.064	2573	5.678	27.36	1.054	479.2
1060	4.082	2614	5.716	27.55	1.054	481.4
1070	4.100	2655	5.755	27.73	1.053	483.6
1080	4.118	2696	5.793	27.91	1.053	485.8

TABLE AVII.23 *Transport Properties of Propane*

T (K)	VS(T)E+6 [(N S)/M^2]	K(T)E+3 [W/(M K)]	T (K)	VS(T)E+6 [(N S)/M^2]	K(T)E+3 [W/(M K)]
270	7.452	14.95	470	12.58	37.97
275	7.587	15.48	475	12.70	38.59
280	7.721	16.02	480	12.82	39.21
285	7.856	16.56	485	12.94	39.83
290	7.989	17.10	490	13.06	40.46
295	8.123	17.64	495	13.18	41.08
300	8.256	18.19	500	13.30	41.71
305	8.389	18.73	505	13.42	
310	8.521	19.28	510	13.53	
315	8.654	19.84	515	13.65	
320	8.785	20.39	520	13.77	
325	8.917	20.94	525	13.89	
330	9.048	21.50	530	14.00	
335	9.179	22.06	535	14.12	
340	9.309	22.62	540	14.24	
345	9.439	23.19	545	14.35	
350	9.569	23.75	550	14.47	
355	9.698	24.32	555	14.58	
360	9.827	24.89	560	14.70	
365	9.956	25.46	565	14.81	
370	10.08	26.04	570	14.93	
375	10.21	26.61	575	15.04	
380	10.34	27.19	580	15.16	
385	10.47	27.77	585	15.27	
390	10.59	28.36	590	15.38	
395	10.72	28.94	595	15.50	
400	10.85	29.53	600	15.61	
405	10.97	30.12			
410	11.10	30.71			
415	11.22	31.30			
420	11.35	31.90			
425	11.47	32.50			
430	11.60	33.10			
435	11.72	33.70			
440	11.84	34.30			
445	11.97	34.91			
450	12.09	35.52			
455	12.21	36.13			
460	12.33	36.74			
465	12.46	37.35			

EQUATIONS AND TABLES FOR IDEAL GASES

Sulfur Dioxide

At/mol wt. (KG/MOLE): 64.063
Gas constant [KJ/(KG K)]: .129784
At/mol formula: SO_2

Critical temperature (K): 430.7
Critical pressure (MPA): 7.88
Sat. temp. at one atmos. (K): 268.4

Thermodynamic Properties

$$CP(T) = \sum [A(N)T^N]$$
$$H(T) = \sum \{[1/(N+1)]A(N)T^{N+1}\}$$
$$E(T) = A(0) \log(T) + \sum [(1/N)A(N)T^N]$$

Temperature range: $300 \leq T \leq 1100$

Coefficients:

$A(0) = 4.32805E\text{-}1$
$A(1) = 5.9994156E\text{-}4$
$A(2) = 4.593367E\text{-}7$
$A(3) = -1.433024E\text{-}9$
$A(4) = 1.0409341E\text{-}12$
$A(5) = -2.5313735E\text{-}16$
$A(6) = 0.0$

Transport Properties

$$VS(T) = \sum [B(N)T^N]$$

Temperature range: $300 \leq T \leq 1100$

Coefficients:

$B(0) = -1.141748$
$B(1) = 5.1281456E\text{-}2$
$B(2) = -1.3886282E\text{-}5$
$B(3) = 2.15266E\text{-}9$
$B(4) = 0.0$
$B(5) = 0.0$
$B(6) = 0.0$

$$K(T) = \sum [C(N)T^N]$$

Temperature range: $300 \leq T \leq 900$

Coefficients:

$C(0) = -1.86270694E\text{-}2$
$C(1) = 3.19110134E\text{-}4$
$C(2) = -1.73644245E\text{-}6$
$C(3) = 5.09847985E\text{-}9$
$C(4) = -7.53585825E\text{-}12$
$C(5) = 5.48078289E\text{-}15$
$C(6) = -1.56355469E\text{-}18$

TABLE AVII.24 *Thermodynamic Properties of Sulfur Dioxide*

T (K)	CP(T) [KJ/(KG K)]	H(T) (KJ/KG)	E(T) [KJ/(KG K)]	IPR(T)	G(T)	A(T) (M/S)
300	0.623	158.5	2.658	20.48	1.263	221.8
310	0.629	164.8	2.679	20.64	1.260	225.1
320	0.635	171.1	2.699	20.80	1.257	228.5
330	0.641	177.5	2.719	20.95	1.254	231.8
340	0.646	183.9	2.738	21.10	1.251	235.0
350	0.652	190.4	2.757	21.24	1.249	238.2
360	0.657	197.0	2.775	21.38	1.246	241.3
370	0.663	203.6	2.793	21.52	1.243	244.4
380	0.668	210.2	2.811	21.66	1.241	247.4
390	0.673	216.9	2.828	21.79	1.239	250.4
400	0.679	223.7	2.845	21.92	1.236	253.4
410	0.684	230.5	2.862	22.05	1.234	256.3
420	0.689	237.4	2.879	22.18	1.232	259.2
430	0.694	244.3	2.895	22.31	1.230	262.0
440	0.698	251.3	2.911	22.43	1.228	264.8
450	0.703	258.3	2.927	22.55	1.226	267.6
460	0.708	265.3	2.942	22.67	1.225	270.4
470	0.712	272.4	2.958	22.79	1.223	273.1
480	0.717	279.6	2.973	22.90	1.221	275.8
490	0.721	286.8	2.987	23.02	1.219	278.5
500	0.726	294.0	3.002	23.13	1.218	281.1
510	0.730	301.3	3.016	23.24	1.216	283.7
520	0.734	308.6	3.031	23.35	1.215	286.3
530	0.738	315.9	3.045	23.46	1.213	288.9
540	0.742	323.3	3.059	23.57	1.212	291.4
550	0.746	330.8	3.072	23.67	1.211	294.0
560	0.750	338.3	3.086	23.78	1.209	296.5
570	0.753	345.8	3.099	23.88	1.208	299.0
580	0.757	353.3	3.112	23.98	1.207	301.4
590	0.760	360.9	3.125	24.08	1.206	303.9
600	0.764	368.5	3.138	24.18	1.205	306.3
610	0.767	376.2	3.151	24.28	1.204	308.7
620	0.770	383.9	3.163	24.37	1.203	311.1
630	0.774	391.6	3.175	24.47	1.202	313.4
640	0.777	399.3	3.188	24.56	1.201	315.8
650	0.780	407.1	3.200	24.65	1.200	318.1
660	0.783	414.9	3.212	24.75	1.199	320.4
670	0.786	422.8	3.223	24.84	1.198	322.7
680	0.788	430.7	3.235	24.93	1.197	325.0
690	0.791	438.6	3.247	25.02	1.196	327.3

TABLE AVII.24 *(Continued)   Thermodynamic Properties of Sulfur Dioxide*

T (K)	CP(T) [KJ/(KG K)]	H(T) (KJ/KG)	E(T) [KJ/(KG K)]	IPR(T)	G(T)	A(T) (M/S)
700	0.794	446.5	3.258	25.10	1.195	329.6
710	0.796	454.4	3.269	25.19	1.195	331.8
720	0.799	462.4	3.280	25.28	1.194	334.0
730	0.801	470.4	3.291	25.36	1.193	336.2
740	0.804	478.4	3.302	25.44	1.193	338.4
750	0.806	486.5	3.313	25.53	1.192	340.6
760	0.808	494.5	3.324	25.61	1.191	342.8
770	0.810	502.6	3.334	25.69	1.191	345.0
780	0.812	510.7	3.345	25.77	1.190	347.1
790	0.814	518.9	3.355	25.85	1.190	349.2
800	0.816	527.0	3.366	25.93	1.189	351.4
810	0.818	535.2	3.376	26.01	1.188	353.5
820	0.820	543.4	3.386	26.09	1.188	355.6
830	0.822	551.6	3.396	26.16	1.187	357.7
840	0.824	559.8	3.406	26.24	1.187	359.7
850	0.826	568.1	3.415	26.32	1.187	361.8
860	0.827	576.4	3.425	26.39	1.186	363.8
870	0.829	584.6	3.435	26.46	1.186	365.9
880	0.831	592.9	3.444	26.54	1.185	367.9
890	0.832	601.3	3.453	26.61	1.185	369.9
900	0.834	609.6	3.463	26.68	1.184	371.9
910	0.834	617.9	3.472	26.75	1.184	373.9
920	0.837	626.3	3.481	26.82	1.184	375.9
930	0.838	634.7	3.490	26.89	1.183	377.9
940	0.839	643.0	3.499	26.96	1.183	379.9
950	0.841	651.4	3.508	27.03	1.183	381.8
960	0.842	659.9	3.517	27.10	1.182	383.8
970	0.843	668.3	3.526	27.16	1.182	385.7
980	0.844	676.7	3.534	27.23	1.182	387.7
990	0.846	685.2	3.543	27.30	1.181	389.6
1000	0.847	693.6	3.551	27.36	1.181	391.5
1010	0.848	702.1	3.560	27.43	1.181	393.4
1020	0.849	710.6	3.568	27.49	1.180	395.3
1030	0.850	719.1	3.576	27.56	1.180	397.2
1040	0.851	727.6	3.585	27.62	1.180	399.1
1050	0.851	736.1	3.593	27.68	1.180	400.9
1060	0.853	744.6	3.601	27.74	1.179	402.8
1070	0.855	753.2	3.609	27.81	1.179	404.6
1080	0.856	761.7	3.617	27.87	1.179	406.5
1090	0.857	770.3	3.625	27.93	1.179	408.3
1100	0.858	778.9	3.632	27.99	1.178	410.1

TABLE AVII.25 *Transport Properties of Sulfur Dioxide*

T (K)	VS(T)E+6 [(N S)/M^2]	K(T)E+3 [W/(M K)]	T (K)	VS(T)E+6 [(N S)/M^2]	K(T)E+3 [W/(M K)]
300	13.05	9.623	700	28.69	30.52
310	13.49	10.02	710	29.04	30.98
320	13.92	10.44	720	29.39	31.44
330	14.35	10.87	730	29.73	31.90
340	14.77	11.31	740	30.07	32.36
350	15.20	11.77	750	30.42	32.82
360	15.62	12.25	760	30.76	33.28
370	16.04	12.74	770	31.09	33.74
380	16.46	13.24	780	31.43	34.20
390	16.87	13.76	790	31.77	34.67
400	17.29	14.29	800	32.10	35.14
410	17.70	14.83	810	32.43	35.61
420	18.11	15.38	820	32.76	36.09
430	18.51	15.94	830	33.09	36.57
440	18.92	16.51	840	33.41	37.05
450	19.32	17.08	850	33.74	37.53
460	19.72	17.65	860	34.06	38.02
470	20.12	18.23	870	34.38	38.51
480	20.51	18.82	880	34.70	39.00
490	20.91	19.40	890	35.02	39.49
500	21.30	19.98	900	35.33	39.98
510	21.69	20.56	910	35.65	
520	22.07	21.14	920	35.96	
530	22.46	21.71	930	36.27	
540	22.84	22.28	940	36.58	
550	23.22	22.85	950	36.89	
560	23.60	23.41	960	37.20	
570	23.98	23.96	970	37.50	
580	24.35	24.51	980	37.80	
590	24.72	25.05	990	38.11	
600	25.09	25.58	1000	38.41	
610	25.46	26.10	1010	38.71	
620	25.83	26.62	1020	39.00	
630	26.19	27.13	1030	39.30	
640	26.55	27.63	1040	39.59	
650	26.92	28.13	1050	39.89	
660	27.27	28.62	1060	40.18	
670	27.63	29.10	1070	40.47	
680	27.99	29.58	1080	40.76	
690	28.34	30.05	1090	41.04	
			1100	41.33	

APPENDIX VIII

TABLES OF UNIT CONVERSION FACTORS

TABLE AVIII.1 Density

↓ =	kg/m^3	lb_m/ft^3	$lb_m/UK\ gal$	$lb_m/US\ gal$	$slug/ft^3$	g/cm^3	ton/m^{3a}	$UK\ ton/yd^3$	$US\ ton/yd^3$
kg/m^3	1	0.06243	0.01002	8.3454E−3	1.9403E−3	0.001	0.001	7.5248E−4	8.4278E−4
lb_m/ft^3	16.0185	1	0.16054	0.13368	0.03108	0.01602	0.01602	1.2054E−2	1.3500E−2
$lb_m/UK\ gal$	99.7763	6.22884	1	0.83268	0.19360	0.09976	0.09976	7.5080E−2	8.4111E−2
$lb_m/US\ gal$	119.826	7.48052	1.20094	1	0.2325	0.11983	0.11983	9.0167E−2	1.0099E−1
$slug/ft^3$	515.38	32.1740	5.1653	4.3011	1	0.51538	0.51538	0.38781	0.43435
g/cm^3	1000	62.428	10.0224	8.34540	1.9403	1	1	0.75250	0.84282
ton/m^{3a}	1000	62.428	10.0224	8.34540	1.9403	1	1	0.75250	0.84282
$UK\ ton/yd^3$	1328.94	82.963	13.319	11.0905	2.5785	1.3289	1.3289	1	1.12
$US\ ton/yd^3$	1186.5	74.075	11.889	9.9022	2.3023	1.1865	1.1865	0.89286	1

[a] Metric ton

TABLE AVIII.2 *Energy*

1 ↓ h =	joule	ft lb$_f$	cal$_{th}$	cal$_{IT}$	liter atms.	kJ	Btu	hp h	kW h
joule	1	0.73756	0.23901	0.23885	9.8690E−3	10^{-3}	9.4783E−4	37.251E−7	2.7773E−7
ft lb$_f$	1.35582	1	0.32405	0.32384	1.33205E−2	1.3558E−3	1.2851E−3	5.0505E−7	3.7655E−7
cal$_{th}$	4.184	3.08596	1	0.99934	0.04129	4.184E−3	3.9657E−3	1.5586E−6	1.1620E−6
cal$_{IT}$	4.1868	3.08798	1.00066	1	0.04132	4.1868E−3	3.9683E−3	1.5596E−6	1.1628E−6
liter atm	101.328	74.735	24.218	24.202	1	0.10325	9.6041E−2	3.7745E−5	2.8142E−5
kJ	1000	737.56	239.01	238.85	9.86896	1	0.94783	3.7251E−4	2.7773E−4
Btu	1055.05	778.16	252.16	252.00	10.4122	1.05505	1	3.9301E−4	2.9302E−4
hp h	2.6845E6	1.98E6	641,617	641,197	26,494	2684.52	2544.5	1	0.74558
kW h	3.600E6	2.6557E6	860,564	8.6E5	35,534	3600	3412.8	1.34125	1

TABLE AVIII.3 *Mass*

$1 \downarrow =$	g	lb_m	kg	slug	ton[a]	ton[b]	ton[c]
g	1	2.2046E−3	0.001	6.8522E−5	1.1023E−6	10^{-6}	9.8421E−7
lb_m	453.592	1	0.45359	0.031081	0.0005	4.53591E−4	4.4643E−4
kg	1000	2.20462	1	0.06852	1.1023E−3	0.001	9.8421E−4
slug	14593.9	32.1740	14.5939	1	0.01609	0.01459	0.01436
ton[a]	907185	2000	907.185	62.162	1	0.90719	0.89286
ton[b]	10^6	2204.62	1000	68.5218	1.10231	1	0.98421
ton[c]	1016047	2240	1016.05	69.621	1.12	1.01604	1

[a] US or short ton.
[b] metric ton.
[c] UK or long ton.

TABLE AVIII.4 Pressure

$1 \downarrow =$	dyn/cm^2[a]	$N/m^2 = Pa$	lb_f/ft^2	$mm\,Hg$	$in.\,H_2O$	$in.\,Hg$	$lb_f/in.^2$	kg_f/cm^2	bar	atm
dyn/cm^{2a}	1	0.1	2.0886E−3	7.5008E−4	4.0148E−4	2.9530E−5	1.4504E−5	1.0197E−6	10^{-6}	9.8692E−7
N/m^2	10	1	2.0886E−2	7.5008E−3	4.0148E−3	2.9530E−4	1.4504E−4	1.0197E−5	10^{-5}	9.8692E−6
lb_f/ft^2	478.79	47.879	1	0.35913	0.19221	1.4138E−2	6.9444E−3	4.8824E−4	4.7880E−4	4.7254E−4
$mm\,Hg$	1333.22	133.32	2.7845	1	0.53526	0.03937	0.01934	1.3595E−3	1.3332E−3	1.3158E−3
$in.\,H_2O$	2490.8	249.08	5.2023	1.8683	1	0.07355	0.03613	2.5399E−3	2.4908E−3	2.4585E−3
$in.\,Hg$	3386.4	3386.4	70.727	25.400	13.596	1	0.49116	0.03453	0.03386	0.03342
$lb_f/in.^2$	68947	6894.7	144	51.715	27.680	2.03601	1	0.07031	0.06895	0.06805
kg_f/cm^2	980665	98067	2048.2	735.57	393.71	28.959	14.223	1	0.98067	0.96784
bar	10^6	10^5	2088.5	750.06	401.47	29.530	14.504	1.01972	1	0.98692
atm	1013250	101325	2116.2	760	406.79	29.921	14.696	1.03323	1.01325	1

[a] 1 dyn/cm^2 = 1 microbar.

APPENDIX VIII

TABLE AVIII.5

Specific Energy

1 ↓ =	(ft lb$_f$)/lb$_m$	kJ/kg	Btu/lb$_m$	cal/g
(ft lb$_f$)/lb$_m$	1	2.989E−3	1.285E−3	7.143E−4
kJ/kg	334.54	1	0.4299	0.2390
Btu/lb$_m$	778.16	2.326	1	0.5556
cal/g	1400	4.184	1.8	1

TABLE AVIII.6

Specific Heat

1 ↓ =	J/(g K)	Btu$_{th}$/(lb$_m$ °F)	cal$_{th}$/(g °C)	Btu$_{IT}$/(lb$_m$ °F)	cal$_{IT}$/(g °C)
J/(g K)	1	0.23901	0.23901	0.23885	0.23885
Btu$_{th}$/(lb$_m$ °F)	4.184	1	1	0.99933	0.99933
cal$_{th}$/(g °C)	4.184	1	1	0.99933	0.99933
Btu$_{IT}$/(lb$_m$ °F)	4.1868	1.00067	1.00067	1	1
cal$_{IT}$/(g °C)	4.1868	1.00067	1.00067	1	1

TABLE AVIII.7 *Thermal Conductivity*

1 ↓ =	(Btu in.)/(ft² h °F)	W/(m K)	kcal/(m h °C)	Btu/(ft h °F)	W/(cm K)	cal/(cm sec °C)	(Btu in.)/(ft² sec °F)
(Btu in.)/(ft² h °F)	1	0.1441	0.1240	0.08333	1.441E−3	3.445E−4	2.777E−4
W/(m K)	6.938	1	0.8604	0.5782	0.01	2.390E−3	1.926E−3
kcal/(m h °C)	8.064	1.162	1	0.6720	0.01162	2.778E−3	2.240E−3
Btu/(ft h °F)	12	1.730	1.488	1	0.01730	4.134E−3	3.333E−3
W/cm K)	694	100	86.04	57.82	1	0.2390	0.1926
cal/(cm sec °C)	2903	418.4	360	241.9	4.184	1	0.8063
(Btu in.)/(ft² sec °F)	3600	519.2	446.7	300	5.192	1.2402	1

TABLE AVIII.8 Dynamic Viscosity

$1 \downarrow =$	micropoise	$lb_m/(ft\,h)^a$	centipoise	$slug/(ft\,h)$	$poise^b$	$N\,s\,m^{-2}$	$Pa\,s$	$lb_m/(ft\,s)$	$(lb_f\,s)/ft^2$
micropoise	1	2.4191E−4	10^{-4}	7.5188E−6	10^{-6}	10^{-7}	10^{-7}	6.7197E−8	2.0885E−9
$lb_m/(ft\,h)^a$	4134	1	0.4134	3.1081E−2	4.1338E−3	4.1338E−4	4.1338E−4	2.7778E−4	8.6339E−6
centipoise	10^4	2.4191	1	7.5188E−2	0.01	0.001	0.001	6.7197E−4	2.0886E−5
$slug/(ft\,h)$	1.3300E5	32.174	13.300	1	0.1330	1.3300E−2	1.3300E−2	8.9372E−3	2.7778E−4
$poise^b$	10^6	241.91	100	7.5188	1	0.1	0.1	6.7197E−2	2.0886E−3
$N\,s\,m^{-2}$	10^7	2419.1	1000	75.188	10	1	1	0.6720	2.0886E−2
$Pa\,s$	10^7	2419.1	1000	75.188	10	1	1	0.6720	2.0886E−2
$lb_m/(ft\,s)$	1.4882E7	3600	1488.2	111.89	14.882	1.4882	1.4882	1	0.03108
$(lb_f\,s)/ft^2$	4.7880E8	1.1583E5	4.7880E4	3600	478.80	47.880	47.880	32.174	1

[a] 1 $lb_m/(ft\,h)$ = 1 poundal h/ft².
[b] 1 poise = 1 gm/cm sec.

TABLE AVIII.9

Kinematic Viscosity and Thermal Diffusivity

1 ↓ =	ft²/h	stokes[a]	m²/h	ft²/s	m²/s
ft²/h	1	0.2581	0.0929	2.778E−4	2.581E−5
stokes[a]	3.8750	1	0.36	1.076E−3	1.0E−4
m²/h	10.7639	2.7778	1	2.990E−3	2.778E−4
ft²/sec	3600	929.03	334.45	1	0.09290
m²/s	38750	10000	3600	10.7639	1

[a] 1 stokes = 1 cm²/s (viscosity only).

REFERENCES

1. T.F. Irvine, Jr. and P.E. Liley, "Microcomputer Program for the Thermodynamic Properties of Steam." Rumford, Chicago, Illinois, 1980.
2. T.F. Irvine, Jr. and P.E. Liley, "Microcomputer Program for the Thermodynamic Properties of Air." Rumford, Chicago, Illinois, 1980.
3. J.H. Keenan, F.G. Keyes, P.G. Hill, and J.G. Moore. "Steam Tables—Thermodynamic Properties of Water Including Vapor, Liquid and Solid Phases (International System of Units)." Wiley (Interscience), New York, 1978.
4. W.C. Reynolds, "Thermodynamic Properties in S.I., Graphs, Tables and Computational Equations for 40 Substances." Stanford Univ. Press, Stanford, California, 1979.
5. N.B. Vargaftik, "Tables on the Thermophysical Properties of Liquids and Gases." Hemisphere Publ., Washington, D.C., 1975.
6. J. Hilsenrath, C.W. Beckett, *et al., Tables of thermal properties of gases, Nat. Bur. Stand. (U.S.) Circ.* **564** (1955).
7. J.H. Keenan and J. Kaye, "Gas Tables." Wiley (Interscience), New York, 1948.
8. J.R. Andrews and O. Biblarz, Temperature dependence of gas properties in polynomial form, Rep. No. NPS 67-81-001, Naval Postgraduate School, Monterey, California, 1981.
9. S. Torquato and G. Stell, *Latent heat of vaporization of a fluid, J. Phys. Chem.* **85**, 3029 (1981).
10. Y.S. Touloukian, P.E. Liley, and S.C. Saxena, "Thermophysical Properties of Matter," Vol. 6, "Specific Heat," (plus supplement). IFI/Plenum Data Corp., New York, 1976.
11. Y.S. Touloukian, S.C. Saxena, and P. Hestermans, "Thermophysical Properties of Matter," Vol. 11, "Viscosity." IFI/Plenum Data Corp., New York, 1976.
12. Y.S. Touloukian, P.E. Liley, and S.C. Saxena, "Thermophysical Properties of Matter," Vol. 3, "Thermal Conductivity." IFI/Plenum Data Corp., New York, 1970.